Jessica Lackner

Fachkräftemangel oder Machkräftemangel?

JESSICA LACKNER

Fachkräftemangel oder Machkräftemangel?

Warum Personalprobleme oft hausgemacht sind

Bibliografische Information der Deutschen Nationalbibliothek

Die Deutsche Nationalbibliothek verzeichnet diese Publikation in der Deutschen Nationalbibliografie; detaillierte bibliografische Daten sind im Internet über http://dnb.d-nb.de abrufbar.

ISBN 978-3-96739-036-0

Lektorat: Sabine Rock, Frankfurt a. M. | www.druckreif-rock.de
Umschlaggestaltung: Tina Mayer-Lockhoff
Illustrationen: Cornelia Koller
Autorenfoto: The CLICK. Wedding – Kira Komarovics
Satz und Layout: Das Herstellungsbüro, Hamburg |
www.buch-herstellungsbuero.de
Druck und Bindung: Salzland Druck, Staßfurt

www.gabal-verlag.de
www.facebook.com/Gabalbuecher
www.twitter.com/gabalbuecher
www.instagram.com/gabalbuecher

PEFC zertifiziert
Dieses Produkt stammt aus nachhaltig
bewirtschafteten Wäldern und kontrollierten
Quellen.
www.pefc.de

Inhaltsverzeichnis

Vorwort – Wie alles anfing

Vielleicht habe ich den Stein mit Jessica Lackner und ihrem Werdegang als Coach und Speakerin auch außerhalb der Gastronomie tatsächlich ins Rollen gebracht – zumindest sagt sie das. Ich bin davon überzeugt, dass man eine so positive und starke Persönlichkeit wie Jessica ohnehin nicht von ihrem Weg abbringen kann. Vielleicht ist der Prozess durch mich beschleunigt worden. Egal wie, ich freue mich sehr, dass ich in Jessica jemanden gefunden habe, der Gastronomie und Handel nun verbindet.

Denn wir alle, die tagtäglich mit Kunden zu tun haben, teilen doch die gleiche Grundidee: Wir wollen den Kunden den bestmöglichen Service bieten und sie nachhaltig begeistern. Alle im Team müssen bereit sein, die Extrameile zu gehen. Gelingt uns das durch Wertschätzung und Führung auf Augenhöhe, schaffen wir Orientierung und Transparenz, kreieren wir eine positive Arbeitsatmosphäre, in der alle füreinander da sind und auch mal Fehler gemacht werden dürfen, dann haben wir unsere Mitarbeiter zu unseren Fans gemacht und das Ergebnis wird ein zufriedener Kunde sein.

Schlussendlich wollen wir den Kunden begeistern, das Besondere für ihn sein und auf diese Weise erreichen, dass er gerne wieder zu uns kommt. Dass der zufriedene Kunde diese positiven Erlebnisse in seinen Freundes- und Bekanntenkreis weiterträgt, ist ein schöner Nebeneffekt mit großer Wirkung. Wir wollen für den Kunden Anlaufstelle sein, genau zuhören, ihn verstehen und ein verlässlicher Partner sein. Zumindest ist das meine Auffassung von Kundenservice.

Aber wie gelingt uns das alles? Wie bekommen wir genau die Mitarbeiter für unser Unternehmen, die im Endeffekt auch für begeisterte Kunden sorgen? Mitarbeiter, die einen Sinn in ihrer Arbeit sehen und den Spaß und die Freude auf den Kunden übertragen?

Genau diese Frage habe ich Jessica 2013 gestellt. Wir hatten uns einige Jahre zuvor in Berlin kennengelernt und schon damals sind mir bei ihr diese enorm positive Energie und der unbedingte Wille, Dinge umzusetzen, aufgefallen. Wir hielten all die Jahre Kontakt und tauschten uns fachlich aus. Nun, 2013, war ich als Country Manager für ein Modeunternehmen tätig und hatte die Verantwortung für über 1000 Mitarbeiterinnen und Mitarbeiter. Ich wollte den Service im Kassenbereich verbessern und hatte die Idee, dass alle gemeinsam mehr als Gastgeber agieren – so wie in einem gut geführten Restaurant oder Hotel.

Doch wie konnte ich den Service aus dieser Branche in den Modehandel bringen? Mir war das Begrüßen, das Kassieren und die Verabschiedung an dieser Stelle einfach zu wenig. Meine Eltern waren im Hotellerie- und Gastronomiebereich tätig, daher wuchs ich sozusagen mit dem Service-Gen auf. Deshalb lag für mich die große Schnittmenge von Handel und Gastronomie auf der Hand. Im Grunde gilt das für alle Branchen, in denen wir es mit Menschen zu tun haben. Diese vier Ms sind für mich von großer Bedeutung und beschreiben meine Philosophie: Man muss Menschen und in meinem Fall Mode mögen.

Zurück zu Jessica und meiner Frage nach der Übertragbarkeit des Servicegedankens auf die Modebranche. Als gute Zuhörerin, die aufmerksam auf Details achtet, hat sich Jessica damals auf das Experiment eingelassen und sich etwas näher mit meinem damaligen Arbeitgeber und seiner Personalpolitik beschäftigt. Wie läuft das Recruiting ab? Welche Themen werden beim Welcome Day vermittelt? Was erwartet den neuen Mitarbeiter? Was mich schließlich überzeugt hat, war ihre empathische und mitreißende Art, dabei sehr feinfühlig zu agieren, ohne die Firmen-DNA grundsätzlich infrage zu stellen. Jessica konnte sich extrem schnell in diese Branche hineindenken, erkannte die aktuellen Probleme sofort und entwickelte anhand von praktischen Beispielen gute Ideen und Lösungsansätze.

Nachdem ich 2019 den Arbeitgeber gewechselt hatte, wurde der

Kontakt mit Jessica wieder intensiver. Unabhängig voneinander sind wir der Frage auf den Grund gegangen, wie man Mitarbeiter zu Fans machen kann. Da Jessica die Lösung für sich schon ausgearbeitet und sich immer mehr zur Allroundexpertin für Gastronomie und Handel entwickelt hatte, steht einem weiteren Projekt in der Zukunft nichts im Wege.

Dieses Buch wird für alle angehenden Führungskräfte nützlich sein, für alle Chefs, die eigentlich gerne Helden sein möchten, für alle, die aus ihrer Komfortzone herauskommen wollen, für alle, die ihr eigenes Handeln infrage stellen, die sich ihre Fehler eingestehen, die ihr Ego deutlich zurückschrauben können, für diejenigen, die gerne dienen und mehr geben wollen, als zu bekommen, und für alle, die Menschlichkeit als oberstes Gebot sehen und eine Veränderung als notwendig erachten. »Handel ist Wandel« lautet ein alter Spruch. Das gilt heute noch immer und ist, wie uns gerade Corona lehrt, absolut zeitgemäß.

Wer den Schlüssel zum Erfolg für sein Team, für seine Mitarbeiter und seine Kunden sucht, sollte sich unbedingt auf diese spannende Reise mit Jessica begeben. Ich wünsche dabei viel Spaß und hoffentlich gutes Gelingen bei der Umsetzung für ein erfolgreiches Handeln im Team.

Clint Böttcher

Nachtrag: Was mich persönlich mit Jessica verbindet, ist nicht nur die Tatsache, dass unsere beruflichen Anfänge in der Gastronomie liegen, sondern auch unser privates Glück, das wir mit unseren Partnern in Österreich gefunden haben.

1. Einleitung

F-F-F-F-Formel:
Fähige Führungspersönlichkeiten formen Fans

Warum dieses Buch?

Zugegeben, ich habe das Rad nicht neu erfunden, und ja, es gibt schon unzählige Bücher zum Thema Leadership. Mit diesem Buch möchte ich jedoch einen besonderen Aspekt in den Fokus rücken, der mir sehr am Herzen liegt: Ich möchte unser Bewusstsein schärfen – für den Umgang mit Herausforderungen und vor allem für den Umgang mit Menschen, insbesondere mit Mitarbeiterinnen und Mitarbeitern. All das gerät in unserem hektischen und übervollen Alltag oft in Vergessenheit, und so verlieren wir manchmal den Blick für das wirklich Wichtige: den Erfolgsfaktor Mensch.

Personalmangel und Fachkräftemangel sind heute in der gesamten Dienstleistungsbranche allgegenwärtig. Vielen Unternehmen fehlen schlicht die richtigen Mitarbeiter – und es fehlen gute, praxistaugliche Strategien, um diese Mitarbeiter zu gewinnen, zu binden und zu motivieren. Dabei können bereits kleinste Veränderungen Großartiges bewirken. Die Praxis zeigt: Wir haben zwar tatsächlich einen *Fach*kräftemangel, aber vielmehr noch einen *Mach*kräftemangel (dazu später mehr!). Führungskräfte verfügen häufig nicht über das notwendige Verständnis für den Menschen, es fehlt ihnen die Bereitschaft, sich voll und ganz um ihre Mitarbeiter zu kümmern, und darüber hinaus die Fähigkeit, deren Potenzial zu erkennen. Doch all das braucht es, damit sich Mitarbeiter zu Teammitgliedern entwickeln, die voll in ihrer Kraft stehen und maximal performen.

Ich bin überzeugt: Jeder kann in Führung gehen, wenn sie oder er es wirklich will. Führung beginnt immer bei DIR, bei jedem Einzelnen. Sie ist eine Entscheidung und dafür muss man brennen. Daher lautet mein Motto: Wer innen nicht brennt, kann außen nicht leuchten.

Wie ist dieses Buch?

Ich habe dafür bewusst eine einfache Sprache gewählt, damit jede und jeder sich angesprochen fühlt und es in der eigenen Gedankenwelt visualisieren kann. Es sollte auch möglich sein, abends vor dem Schlafengehen ohne große Mühe noch ein paar Seiten zu lesen – leichte, gut verdauliche Kost eben. Da wir jetzt schon beim sehr Persönlichen sind: Es ist hoffentlich okay, wenn ich Sie bis zum Buchende duze. Ich glaube, mit dieser etwas vertrauteren Ansprache landen auch meine Botschaften leichter in deinem Herzen.

Mir geht's häufig so, dass ich, vor allem abends, bereits nach kurzer Zeit zu müde bin, das Gelesene richtig aufzunehmen. Das kennst du vielleicht auch: Du liest etwas Wichtiges und denkst: »Oh, das muss ich mir unbedingt merken«, und 50 Seiten später hast du es vielleicht schon wieder vergessen. Deshalb sind in diesem Buch auch viele Wiederholungen enthalten. Es ist übrigens erwiesen, dass auch unser Unterbewusstsein mitliest – oft setzen wir dann, ohne dass es uns bewusst ist, doch einiges Gelesene im Alltag um. Die Wiederholungen wichtiger Kernaussagen helfen dir aber auf jeden Fall dabei, die Inhalte des Buches zu verinnerlichen.

Dazu noch ein kleiner Tipp von mir: Lege beim Lesen einen Textmarker parat und markiere die Stellen, die für dich persönlich wichtig sind. So mache ich das immer, dann kann ich später noch einmal schnell nachlesen.

Jedes Wort in diesem Buch kommt aus meinem Herzen und es ist mir wichtig, dir vorab Folgendes zu raten: Nimm dich selbst nicht zu ernst und auch das Leben nicht. Geh es locker und mit Freude an. Denn Führung kann man zwar lernen, aber man muss sie auch leben und fühlen, und zwar jeden Tag. Davor muss man auch keine Angst haben! Ich sage immer: Es gibt kein Richtig und kein Falsch. Wichtig dabei ist, das eigene Ego einfach mal wegzulassen und dem Prozess zu vertrauen.

Dies ist kein kompliziert geschriebenes Sachbuch, gespickt mit unzähligen Zahlen, Daten, Fakten und Quellenangaben. Dieses Buch ist aus dem wahren Leben heraus geschrieben. Es speist sich aus meinen persönlichen Erlebnissen und Erfahrungen als Coach und Speakerin und aus den Geschichten von erfolgreichen Freunden, Bekannten und Geschäftspartnern, die sie mir anvertraut haben – von Menschen also, die in ihrem Leben schon so einiges auf die Beine gestellt haben und die mich in den letzten Jahren beeindruckt und geprägt haben.

Damit du die #MERKwürdigsten Stellen noch einmal nachlesen kannst, habe ich sie nach jedem Kapitel aufgelistet und am Ende des Buches noch einmal alle GOLDEN NUGGETS zusammengefasst. Und wer auf den Geschmack gekommen ist, findet am Ende einige Buchempfehlungen – es sind Bücher, die mich in den letzten 15 Jahren begleitet haben und die ich gerne immer wieder »neu« lese.

Eines noch: Mir ist es sehr wichtig, dass sich Frauen, Männer und Diverse in diesem Buch gleichermaßen angesprochen fühlen; dabei gehe ich mit dem Gendern eher spielerisch um und habe um der besseren Lesbarkeit willen auf Sternchen, Binnen-I etc. verzichtet und mich bemüht, wo immer es sich anbietet, eine neutrale Form zu verwenden.

Für wen ist das Buch?

Dieses Buch richtet sich an alle Menschen, die mit Führung zu tun haben oder es in Zukunft haben wollen. Man muss beim Thema Führung übrigens nicht gleich an eine ganze Firma oder ein großes Team denken. Auch sich selbst zu führen oder die Familie zu managen ist ein erster Schritt zu Leadership. Die Menschen, die in diesem Buch zu Wort kommen, und ich selbst haben Führung nicht nur gelernt, sondern erlebt und gelebt und wir leben es heute anderen täglich vor. Self-Leadership (Selbstführung) ist ein wichtiges Thema, und gerade in Krisenzeiten mit ständig neuen Herausforderungen zählt am Ende auch, wie du dich selber führst.

Um das Buch so praxisnah und lebensecht wie möglich zu halten, habe ich viele wahre Geschichten aus dem Führungsalltag in ganz verschiedenen Branchen eingebaut. Denn eins ist klar: Leadership funktioniert überall gleich, ganz egal, was wir verkaufen oder wen wir führen.

Was soll dieses Buch bewirken?

Ich möchte dich mit diesem Buch inspirieren und ermutigen, deine bisherigen Glaubenssätze zu hinterfragen und zu durchbrechen. Auf dem Weg zu einer echten Machkraft geht es zunächst darum, den Menschen wieder in den Mittelpunkt zu stellen und in allem das Positive zu sehen. Dieses Buch soll Menschen motivieren, wieder bewusst mit Menschen zu arbeiten und sich voller Freude mit ihnen auseinanderzusetzen. Die Dienstleistungsbranche kann so viel Spaß machen, doch leider ist bei vielen die Freude auf dem Weg verloren gegangen. Das möchte ich ändern.

Ich wünsche dir auf den folgenden Seiten viele Aha-Erlebnisse und auch viele »Ja, genau!«-Erlebnisse.

Ich wünsche dir FANomenale Erlebnisse beim Lesen!

Deine Jessica

2. Meine Geschichte

Als kleines Mädchen habe ich immer gesagt, dass ich später auf keinen Fall den gleichen Beruf ausüben möchte wie meine Eltern. Sie haben nach der Wende in Berlin einen Imbiss gekauft – die »Spinner-Brücke«, heute Deutschlands bekanntester und erfolgreichster Biker-Treff. Alles dort roch nach Fett – Zeitungen, Geld, das Auto, von der Kleidung gar nicht zu reden. Sogar bei uns zu Hause war dieser intensive Geruch noch da.

Ein Imbiss und dann noch für Biker – das war damals gesellschaftlich nicht gerade hoch angesehen. Ab und zu habe ich das auch in der Schule gespürt. »Das ist ja kein richtiger Beruf.« »Wenn du wirklich etwas werden willst, musst du studieren.« In diesem Geist wurden viele meiner Mitschüler erzogen – auch ihre Eltern haben mich oft spüren lassen, was sie von der Imbissbude hielten. Manchmal habe ich mich deswegen sogar für meine Eltern geschämt und sie mussten mich schon eine Ecke früher rauslassen, wenn sie mich zur Schule brachten. Heute hingegen haben die Eltern meiner ehemaligen Mitschüler großen Respekt vor dem, was ich beruflich erreicht habe!

In den Sommerferien durfte ich dann ab und zu bei meinen Eltern aushelfen. Anfangs war ich noch so klein, dass ich nicht einmal über den Tresen schauen konnte, und zog mir Rollschuhe an, um die Getränke rauszugeben. Bis ich mir dann eine Tasse kochend heißen Kaffee über den Schuh schüttete und eine Riesenbrandblase bekam. Das war es dann erst mal ...

Ein paar Wochen später (ich war acht) hatte ich meinen ersten eigenen Verkaufsstand mit Eis, Süßigkeiten und ein paar Merchandise-Produkten. Wenn ich mir etwas wünschte, wie etwa neue Schuhe, durfte ich mir das Geld auch schon selbst verdienen. Mein Vater sagte immer: »Verdienen kommt von dienen.« So bin ich groß geworden, das hat mich geprägt und dafür bin ich heute sehr dankbar.

Dennoch wollte ich später unbedingt etwas anderes machen als meine Eltern, das war klar. Etwas, das mit mehr gesellschaftlicher Anerkennung verbunden war. Ich wollte anders sein und etwas verändern. Nur wie?

Ich hatte mir in den Kopf gesetzt, ins Hotelfach einzusteigen, also in die gehobene Gastronomie. Und wenn ich mir etwas in den Kopf gesetzt hatte, zog ich das schon damals durch, auch wenn ich erst 14 war. Von diesem Zeitpunkt an zählte für mich nichts anderes mehr. Ich brauchte kein Abitur und keine Fremdsprachen, Mathe, Physik und Chemie schon gar nicht. Ich wollte auch nicht studieren. Das war in meinen Augen alles nur Zeitverschwendung. Ich wollte sofort anfangen und nicht weiter auf die staatliche Schule gehen.

Meine Eltern konnte ich zum Glück von dieser Idee überzeugen, und so bekam ich die einmalige Chance, mit 15 Jahren auf die Tourismusschule Klessheim bei Salzburg, eine der renommiertesten Hotelfachschulen Österreichs, zu wechseln. Ein Traum wurde wahr, die lästigen Schulfächer fielen weg (na ja, nicht ganz, Mathe gab es schon noch und das Abitur machte ich dann auch), und so konnte ich mich voll und ganz auf meinen Wunschberuf konzentrieren. Ich meldete mich gleich direkt selbst von der alten Schule in Berlin ab.

Es war für mich etwas ganz Besonderes, auf diese Schule gehen zu dürfen. Mit meiner schicken Schuluniform fühlte ich mich richtig gut. Ich gehörte jetzt zur Elite – dachte ich. Doch ich merkte schnell, dass auch dort nur mit Wasser und Fett gekocht wurde. Das Ambiente, das Äußere – der Rahmen –, war zwar ein anderes als in der Imbissbude in Berlin, erwies sich jedoch auch nur als eine schönere Verpackung. Und das muss nicht immer gleich besser sein, denn letztendlich müssen wir überall etwas tun. Von nix kommt eben nix.

Nach den Lehrjahren an der Schule in Salzburg wollte ich noch ein Traineeprogramm in einem Hotel absolvieren, um anschließend endlich die Welt bereisen« zu können. Ich war »stolz wie Bolle«, als ich bei der Hotelkette der amerikanischen Prinzessin in München anfangen durfte. Allerdings war der Weg dahin nicht ganz so leicht. Allein auf das Bewerbungsgespräch mussten meine Freundin und ich damals vier Stunden in der Lobby warten. Gestriegelt mit weißer Bluse, Blazer und Rock saßen wir da und ich fühlte mich alles andere als wohl in diesem Outfit. Aber ich wollte diesen Job unbedingt!

Dass ich diese Zeit im teuren München ohne die finanzielle Unterstützung meiner Eltern niemals überstanden hätte, war für mich damals zweitrangig. Hauptsache, in meinem Lebenslauf stand später, dass ich im Hilton gearbeitet hatte, das machte sich gut und öffnete mir vielleicht andere Türen. So war damals meine Einstellung ... bis zum Jahre 2006.

Die »kleine« Bretterbude in Wannsee

Kurz vor der Fußball-WM 2006 bekam ich einen Anruf von meinem Vater aus Berlin: »Jessica, wir haben gerade das Angebot bekommen, die Gastronomie im Strandbad Wannsee zu übernehmen, Europas größtem Strandbad. Hast du Lust, das mit aufzubauen und zu führen?«

Ich war völlig überrascht und musste erst mal nachdenken. Schließlich hatte ich ganz andere Pläne. Ich wollte durch die Welt reisen und Managerin bzw. Direktorin in einem Hotel werden. Doch der Gedanke »Dieses Angebot kriegst du nur einmal in deinem Leben, und zwar JETZT und nicht, wenn du vielleicht irgendwann mal Lust dazu hast oder bereit dazu bist« ließ mich nicht mehr los. Also sagte ich zu und musste innerhalb von zwei Wochen meine Zelte in München abbrechen und meinen Job und meine Wohnung kündigen.

Es war ein unglaublich schöner und heißer Sommer, acht Wochen täglich gefühlt 30 Grad, immer blauer Himmel. An dem 1,2 Kilometer langen Sandstrand am Wannsee lagen die Badegäste wie die Sardinen am Strand auf Mallorca, fast Handtuch an Handtuch, und stritten sich schon frühmorgens um die besten Plätze.

An meinem ersten Arbeitstag, einem Montag, kam ich um 9 Uhr im Strandbad an. Ich hatte mit einer coolen Location gerechnet, doch da war nur ein Verkaufsstand im Freien. Das Ganze glich ehrlich gesagt eher einer Bretterbude.

Die Arbeitsatmosphäre ließ wirklich zu wünschen übrig, bis auf den sensationellen Ausblick war eigentlich gar nichts schön: ein Imbiss im Freien, eine Außenstation, Tische mit Lackfolie, Fritteuse unter freiem Himmel, sandig, eng, Plastikdach oben drüber, da fühlte man sich bei den Temperaturen wie im Gewächshaus. Doch die Mitarbeiter wuchsen leider nicht ... Ich war erst mal geschockt.

30 Mitarbeiterinnen und Mitarbeiter und mein Vater erwarteten mich. Ich war 21 Jahre alt und er stellte mich mit folgenden Worten vor: »So, das ist jetzt eure neue Chefin, Frau Bernsteiner (damals noch). Sie ist eure Ansprechpartnerin.« Da war ich zum zweiten Mal geschockt. Alle sahen mich kritisch an und ich konnte ihnen ihre Gedanken am Gesicht ablesen: »Blondie, Tochter vom Chef. Was will die uns denn jetzt bitte schön sagen?«

Bis zu diesem Zeitpunkt hatte ich noch nie ein Team geführt; ich wusste rein gar nichts, weder, worauf es dabei ankommt noch wie ich mich durchsetzen konnte. Die Mitarbeiter waren teilweise so alt wie ich oder sogar älter. Manche waren mit mir in die Grundschule gegangen – und jetzt musste ich alle mit »Sie« ansprechen und umgekehrt natürlich auch. Das war total crazy. Ich musste mir schließlich erst mal Respekt verschaffen. Nur wie?

Zum Glück hatte ich keine Zeit zum Nachdenken. Jeden Tag hatten wir es mit 8000 bis 10 000 Gästen zu tun. Mir blieb nichts anderes übrig, als einfach zu machen. Wie so oft im Leben – Augen zu und durch.

Gegenwind und plötzliche Krankheitsausfälle statt Respekt

Natürlich haben wir nicht ewig im Freien gearbeitet. Schon ein Jahr später durften wir in einer Nacht- und Nebelaktion in die inzwischen fertigen Räume einziehen. Wir bekamen eine Ladenstraße mit beeindruckenden 200 Metern Verkaufsstand – von der Eisdiele über den Imbiss und das Strandcafé bis zur Pizzeria war endlich alles da. Auch ich durfte meinen Ideen freien Lauf lassen, bei der Konzeption mitwirken und von den Produkten bis zu den einzelnen Arbeitsprozessen überall mitentscheiden.

Als vom Wetter abhängiges Saisongeschäft standen wir alle unter enorm hohem Druck. Dazu kam: Ich wollte meinem überaus mächtigen Vater täglich beweisen, dass ich es auch draufhabe. Das war ein Kampf. An manchen Tagen dachte ich: So, heute habe ich alles richtig gemacht. Ich habe mit dem Team die Tresen mit den frischen Brötchen und saftigen Kuchen schön eingeräumt. Unser Mise en Place war unserer Ansicht nach perfekt vorbereitet und wir legten los und verkauften. Ich war morgens immer die Erste und abends die Letzte und hatte keinen freien Tag. Ich wollte als Vorbild vorangehen, in der Hoffnung, dadurch von meinem Team mehr Respekt und Anerkennung zu erhalten.

Doch immer wieder fegte mein Vater wie ein Tsunami brüllend durch die Läden. Kleine Kostprobe gefällig? Ob denn hier keiner sein Gehirn eingeschaltet hätte und niemand sehen würde, dass es fast keine Brezeln mehr gab und dass die Kühlschränke nachgefüllt werden müssten? Die Schilder könnte ja kein Mensch lesen, vor dem Eisladen stünde eine riesige Schlange und was ich denn hier für Idioten beschäftigte, die sich bewegten wie einarmige Banditen. Und so weiter und so fort.

Es gab immer Gegenwind. Jeden Tag. Das Team und ich fühlten uns nicht gut genug. Verzweiflung machte sich breit. Wir dachten: »Egal, was wir tun, es ist immer falsch.« Ich lag nachts wach und überlegte, warum er wohl am nächsten Tag wieder toben könnte; ich stellte mir einen Plan zusammen, der oft nicht funktionierte, da mein Vater doch immer irgendwas fand – wie die Nadel im Heu-

haufen. Auch die Mitarbeiter litten sehr unter diesen Attacken, was dazu führte, dass sich einige regelmäßig krankmeldeten – natürlich immer pünktlich zum Wochenende mit Ausreden wie: »Ich habe Magen-Darm-Grippe« oder »Meine Oma feiert ihren 80. Geburtstag« (zum zweiten Mal, wohlgemerkt!). Es war einfach zermürbend.

Jeder weiß, wie fatal es ist, wenn plötzlich zu wenige Mitarbeiter zur Verfügung stehen. Damals, während der Fußball-WM, fehlte es ohnehin an allen Ecken und Enden an gut ausgebildeten Fachkräften. Und es gab einfach zu wenige, die bei 30 Grad im Strandbad arbeiten und schwitzen wollten. Mir blieb also nichts anderes übrig, als erst mal selbst für zwei oder sogar drei zu arbeiten.

Das ist Männersache – Von der kleinen Tochter zur erfolgreichen Unternehmerin mit Herz

Ich merkte schnell, dass hier etwas gründlich falsch lief. Und so wollte ich das nicht. Es mussten neue Ideen her, um die verfahrene Situation zu verbessern. Ich begann damit, die Teammitglieder in mehrere Bereiche einzuarbeiten – zum Beispiel am Grill oder in der Küche –, um nicht immer von einzelnen Personen und deren Know-how abhängig zu sein. Das klappte auch ganz gut … bis der Tsunami in Gestalt meines Vaters uns wieder plattmachte, denn auch das passte ihm nicht. In seiner Welt hatte jeder immer an seinem vorbestimmten Arbeitsplatz zu bleiben. Und Frauen am Grill oder in der Küche, das ging gar nicht. Auch das Wechseln von Bierfässern oder Fritteusenfett war ausschließlich Männersache. Daraufhin warfen weitere Mitarbeiter entnervt das Handtuch und ich durfte wieder von vorne anfangen. Damals habe ich mir geschworen: Wenn ich mal ein eigenes Restaurant habe, wird das alles anders laufen!

Doch zunächst vergingen noch ein paar Jahre unter den geschilderten unguten Bedingungen. Selbst bei super anstrengenden Großveranstaltungen mit bis zu 35 000 Gästen (zum Beispiel bei »Energy in the Park«) gelang es dem Tsunami, uns mit seinen Überraschungsangriffen die Stimmung zu vermiesen und die Motivation zu nehmen.

Natürlich hat es auch schöne Tage gegeben und ich habe in diesen Jahren viel Positives und Wertvolles von meinem Vater gelernt. Und ich kann heute sagen: Ich bin dankbar dafür. Ich habe mir das Beste abgeschaut, es umgesetzt und einfach gemacht, bis es auch mich zum Erfolg geführt hat. Nur in Sachen Mitarbeiterführung kamen wir einfach nicht auf einen Nenner. In diesen Jahren habe ich mich immer wieder bei meiner Mutter ausgeheult und wollte aufhören. Sie sprach mir gut zu und ermutigte mich immer wieder, durchzuhalten und weiterzumachen. Sie ist bis heute meine Mentorin, meine Alltagsheldin.

Doch im Jahr 2011 geriet ich derartig mit meinem Vater aneinander, dass ein Tsunami nichts dagegen ist. Ich hatte keine Kraft mehr für diese Art von Auseinandersetzung. Egal, was ich machte, er fand immer etwas zu meckern und würde nie zufrieden sein. Ich fühlte mich wie in einer Zwangsjacke. Und ich war auch nicht mehr wirklich ich selbst. Ich fühlte mich wie eine Soldatin, die nur noch funktioniert und das macht, was der General ihr gesagt hatte. Und ich merkte darüber hinaus, dass ich, entgegen meinem Naturell, nach und nach selbst die strikte Art meines Vaters übernommen hatte.

Viele Jahre später bekam ich das immer noch zu hören, dass ich manchmal so hart sei, kalt, strukturiert, nicht nach links und rechts schaute und mein Ding durchzog. Die meisten wussten schon, dass ich auch sehr warmherzig sein kann. Doch wenn ich im »Business-Modus« war, wirkte es manchmal so, als setzte ich eine Maske auf. Ich schlüpfte in eine Rolle, um als »Geschäftsfrau« glaubhaft zu sein. Damals dachte ich, dass ich das so machen musste, damit ich trotz meines Alters von meinen Geschäftspartnern mit dem nötigen Respekt behandelt würde. Ich hatte noch nicht verstanden, dass viele Mitarbeiter nicht hinter diese Fassade schauen konnten und mich nur als kalt und streng erlebten. Das ging so lange, bis mir meine Mitarbeiter den Spiegel vorgehalten haben und ich gemerkt habe, dass ich so nicht sein wollte.

In den Seminaren, die ich seitdem besucht habe, habe ich mühsam gelernt, diese Maske wieder abzulegen. Das hat für mich alles verändert. Schließlich habe ich es geschafft, Mitarbeiter langfristig an meinen Betrieb zu binden und sie zu Höchstleistungen zu motivieren – wie über Nacht hatte sich bei mir irgendwann ein Schalter umgelegt und ich wurde authentischer.

Natürlich ist es in einem Familienbetrieb nie einfach, sich durchzusetzen, vor allem nicht in jungen Jahren und besonders als Tochter eines übermächtigen Vaters. Doch ich war nun an dem Punkt angelangt, an dem ich mich fragte: »Jessica, jetzt bist du 26. Möchtest du die nächsten zehn Jahre so weiterarbeiten? Unter Druck, Stress, mit Angstzuständen, sechs bis sieben Tage in der Woche, zwölf bis 16 Stunden täglich? Wofür? Damit du dann Leute ersetzen musst, wenn einer nicht kommt? Dafür, dass du kein Privatleben hast und schon gar keine persönliche Weiterentwicklung? Dafür, dass man dir ständig das Gefühl vermittelt, nicht gut genug zu sein? Oder möchtest du es anders machen?« Die Antwort fiel sehr deutlich aus: ANDERS!

Also warf ich in jenem Jahr selbst das Handtuch und sagte zu meinem Vater: »Mach alleine weiter. Ich gehe.«

Nach diesem Schritt fragte ich mich nun selbst:

- Was kann ich besonders gut?
- Was macht mir Freude?
- Wie kann ich anderen damit helfen?
- Wo will ich in zehn Jahren stehen?

Ich fing an, für andere Firmen zu arbeiten, investierte mein gesamtes Erspartes in meine Weiterbildung und machte mich im Coaching- und Trainingsbereich selbstständig. Über Monate baute ich mir mein eigenes Business-Modell auf.

In dieser Zeit hatten mein Vater und ich keinen Kontakt. Kein Geburtstagsanruf, kein gemeinsames Weihnachtsfest – und all das nur, weil er sich persönlich gekränkt fühlte und zu stur war, um mit mir über das Problem und die Lösung zu sprechen. Doch als meinem Vater nach einiger Zeit klar wurde, wohin ich mich beruflich entwickelt hatte und was ich für andere Firmen tat, fragte er mich, ob ich das nicht auch für seine Unternehmen machen könnte. Meine Antwort lautete: »Ja, wenn ich führen darf, wie ich will, und du dich operativ nicht mehr einmischst, komme ich zurück.« Er stimmte zu – und es hat sich tatsächlich etwas geändert. Von diesem Tag an waren wir auf Augenhöhe und ich war nicht mehr länger nur die »kleine Tochter«.

Was hatte sich bei mir in der Zwischenzeit geändert? Nun, ich hatte mich dazu entschlossen, beruflich zu wachsen. Meine Vision: Ich wollte ein Team aufbauen, das gerne zur Arbeit kam und sich gegenseitig unterstützte. Ich wollte Mitarbeiter, die sich wohlfühlten, die Lust hatten, bei 30 Grad im Strandbad Wannsee zu schwitzen. Die zu Fans des Unternehmens wurden und von ihrem Job so begeistert waren, dass sie selbst gute neue Leute mitbrachten, die die gleichen Werte teilten, und so weiter und so fort. Mit dem Ergebnis, dass ich selbst gar nicht mehr täglich anwesend sein musste und währenddessen etwas Neues aufbauen konnte. Ich wollte einen Ort kreieren, wo mein Team auch im Winter arbeiten konnte – kurz: Ich wollte für meine Mitarbeiter ein Fundament schaffen.

Ich wollte weiterkommen, andere groß machen, und ich hatte den festen Glauben daran, dass das funktionieren konnte. Aber ich wusste auch, dass es ein langer Weg sein würde, ein Prozess, der mir viel Durchhaltevermögen und Verzicht abverlangen würde. Und ich entschied mich DAFÜR. Meine Vision ist bis heute groß. Daraus ist das FAN-Modell entstanden und ich kann dir sagen, dass es funktioniert!

2015 konzipierten und gründeten mein Vater und ich schließlich gemeinsam ein Restaurant bzw. eine Eventlocation am Rande von Berlin auf einem Schießplatz: die »Schützen-Wirtin«. Alles, was ich bis dahin aus meinen negativen und positiven Erfahrungen gelernt hatte, konnte ich in diesem neuen Restaurant ausprobieren – insbesondere was die Themen Teamführung und Self-Leadership anging.

Viele, die meine Erfolgsgeschichte aus dem Strandbad kannten, hielten es damals für komplett verrückt, eine heruntergewirtschaftete Gastronomie mitten im Wald zu übernehmen. Das konnte ja nichts werden ... Und ob das etwas wurde! Davon war ich überzeugt und wollte es mir (und den anderen) beweisen. Dieses neue Restaurant würde für die Beschäftigten ein Arbeitsplatz sein, zu dem sie gerne kamen und wo sie mit Freude und Motivation arbeiteten. Das Motto, das mein Team und ich in der Schützen-Wirtin lebten, lautete dann auch: »Normal ist langweilig, unsere Lieblingsfarben sind bunt und wir sind das freundlichste Wirtshaus in ganz Berlin.«

Und so sind wir langsam, aber erfolgreich gewachsen. Dass wir das Restaurant bzw. das Konzept im Oktober 2019 wieder verkauften, hatte eher private Gründe. Salzburg war mittlerweile immer mehr zu meinem Lebensmittelpunkt geworden, ich hatte geheiratet und 2018 kam unsere Tochter zur Welt.

Die Schützen-Wirtin war für mich immer auch eine Art Spielwiese, auf der ich mein Erfolgsrezept für das Recruiting und den Teamgedanken entwickeln konnte. Was dort gut funktioniert hat, gebe ich heute in meinen Coachings, Trainings und Keynotes an andere Unternehmen weiter. Denn ich will mein Wissen und meine Erfahrungen mit anderen und mit den nachfolgenden Generationen teilen. Ich möchte so viele Menschen wie möglich inspirieren, ihren Erfolg selbst in die Hand zu nehmen. Es geht mir darum, den Menschen wieder in den Mittelpunkt zu stellen – für mich eine Grundvoraussetzung dafür, auch selbst wieder bewusster und glücklicher zu leben und zu führen.

Ich habe mir in der Schützen-Wirtin ein großartiges Team aufgebaut, meine Mitarbeiterinnen und Mitarbeiter wurden zu Fans des Betriebes, der Organisation und ich zu ihrem Fundament. Daraus haben sich teilweise wunderbare Freundschaften entwickelt, ganz nach dem Motto: »Einer für alle und alle für einen.« Einige dieser Menschen befinden sich bis heute im Reisebus meines Lebens und ich bin davon überzeugt: Jetzt geht es erst richtig los ...

3. Problem Fachkräftemangel

»Wer sich selbst nicht zu führen versteht,
kann auch andere nicht führen.«
Alfred Herrhausen

Alle reden heute vom Fachkräftemangel – egal, wo ich hinhöre, egal, in welcher Branche ich mich bewege. Und ja, es stimmt, wir haben einen Mangel an Menschen, die in bestimmten Branchen / Bereichen eine Ausbildung oder ein Studium durchlaufen haben. Doch wie ist dieser Mangel überhaupt entstanden? Was war der Auslöser? Warum gibt es heute immer weniger Fachkräfte und weshalb rücken keine neuen nach? Und was machen wir als Führungskräfte, wenn wir merken, dass dem Mitarbeiter die nötige Kompetenz, das nötige Fachwissen fehlt?

Im Endeffekt geht es immer um beides: die Kompetenz (Können) *und* die Motivation (Wollen). Doch wir fokussieren uns in meinen Augen viel zu sehr auf das Können anstatt auf das Wollen. Wir erkennen oft nicht, dass sich Mitarbeiter dem Unternehmen anpassen, statt dass wir – als Führungskräfte – auf ihre individuellen Interessen, Fähigkeiten und Talente schauen.

Ich habe mal gelesen, dass die fachliche Qualifikation nur 20 Prozent des Unternehmenserfolges ausmacht und dass die anderen 80 Prozent von den Leadership-Qualitäten der Führungskräfte abhängen. Dies gilt nicht nur für mittelständische Betriebe – von der kleinen Strandbar über Restaurants bis hin zur Hotellerie –, sondern für die gesamte Dienstleistungsbranche, den Einzelhandel und auch ganz klar für große Konzerne.

Kleine Zeitreise

Wenn ich mich an meine Ausbildung erinnere, die im Jahr 2000 begann, dann war diese damals noch etwas ganz Besonderes. Wir waren stolz darauf, in einem bekannten Haus zu arbeiten, das wir später in unserem Lebenslauf angeben konnten. Es machte immer einen guten Eindruck, wenn jemand schon in namhaften Betrieben gearbeitet hatte. Es ging oft lediglich um den Namen und weniger darum, was sie oder er dort konkret gemacht oder wie sich die Person persönlich weiterentwickelt hatte. Auch heute ist das leider immer noch oft so.

Dabei gäbe es dazu viel zu sagen. Gerade in der Gastronomie haben wir uns oft gefühlt zu Tode gearbeitet. Der Umgangston war eher rau, ab und zu flog auch mal eine Pfanne – und bei alldem herrschte eine strenge Disziplin. Manches ist wohl bis heute so. Ich hätte mich damals niemals getraut, zu spät zu kommen, zu widersprechen, geschweige denn, mich wegen Kopfschmerzen krankzumelden.

Ja, so wurden wir erzogen und das wurde uns auch in der Ausbildung eingetrichtert: »Wer feiern kann, kann auch arbeiten.« Wie oft habe ich durchgemacht, mir am nächsten Tag nichts anmerken lassen, um nach Feierabend direkt ins Bett zu fallen und 14 Stunden zu schlafen. Durchhalten und fleißig sein. Egal für wie viel (bzw. wenig) Geld.

Die Azubis waren eher schüchtern und hatten eine ganz bestimmte Einstellung von zu Hause mitbekommen. Auf jeden Fall erst mal eine Ausbildung fertig machen (Stichwort Kompetenz), zu Hause wohnen, Geld sparen und dann: Ab in die große Welt. Es gab immer eine gewisse Anzahl an Bewerbern, die diesen Beruf lernen wollten oder mussten. Der Arbeitgeber konnte eine Auswahl treffen.

Und heute?

Die jungen Leute – die Generation Y, die zwischen 1980 und 2000 Geborenen – wollen immer früher selbstständig werden, zu Hause ausziehen und die Welt bereisen. Ohne Geld ist das natürlich schwierig. Also gehen viele als Quereinsteiger in irgendwelche Berufe, wo sie oft um einiges mehr verdienen als in einer normalen Ausbildung. Oder sie verdienen als Studierende nebenbei noch etwas dazu.

Diese jungen Leute, auch »Socials« genannt, wollen ihr Leben so früh wie möglich selbst bestimmen. Sie wollen mehr Freizeit, sie wollen ihre Sozialkontakte pflegen und sind permanent mit ihrem Handy zu sehen. Sie wollen sich alles offenhalten, und das ist auch ihr gutes Recht. Sie wollen sich nicht gleich auf einen Beruf festlegen. Sie wollen sich erst einmal selbst finden und fragen sich, ganz anders als ihre Vorgängergeneration, oft: »Wer bin ich eigentlich und was will ich?«

Manche suchen nach Aufmerksamkeit auf den Social-Media-Plattformen, manche wollen damit ein Business starten oder sie teilen ihr ganzes Leben auf diesen Plattformen. Mein Eindruck ist, dass die wenigsten von ihnen auch nur eine Stunde mehr arbeiten wollen; und wenn sie merken, dass sie eventuell krank werden, melden sie sich auch gleich arbeitsunfähig. Ja, du hast recht, das war jetzt etwas hart und einseitig formuliert – und ja, wir dürfen die Generation Y auch so akzeptieren und sie schätzen und dafür sorgen, dass sie sich wohlfühlt und ihre Träume leben kann. Wir sind durch die Besonderheiten dieser Generation aber auch mit neuen Herausforderungen konfrontiert.

Wir haben also weniger Fachkräfte, weil immer weniger junge nachrücken, das heißt, wir haben alle weniger Auswahl. Doch warum kommen immer weniger nach?

Nun, heute befinden sich gut qualifizierte Fachkräfte in der glücklichen Lage, sich ihren Arbeitsort, ihre Organisation bzw. die Firma, in der sie arbeiten wollen, aussuchen zu können. Wenn es ihnen dort nicht mehr gefällt, dann kündigen sie einfach – in dem Wissen, dass sie innerhalb kürzester Zeit den nächsten Job finden. Dabei geht es übrigens schon lange nicht mehr primär um das Gehalt. Geld ist heutzutage nicht mehr das einzige und längst nicht das wirkungsvollste Lockmittel.

Infolge der Corona-Krise wird sich die Fachkräftesituation vermutlich verändern. Einige Betriebe werden schließen und somit kommen wieder mehr Fachkräfte auf den Markt. Doch wie finden wir sie und wie können wir sie überzeugen, zu uns zu kommen?

Jeder arbeitende Mensch, egal ob Fachkraft, Quereinsteiger oder Azubi und egal welcher Generation oder Herkunft, wünscht sich einen Ort, an dem er sich wohlfühlt, wo die Balance zwischen Arbeit und Freizeit stimmt, er nicht rund um die Uhr arbeiten muss, wo man sich um seine persönliche Weiterentwicklung kümmert und seine Arbeit wertschätzt. Die Generation meiner Eltern, die sogenannten »Babyboomer«, versteht das natürlich nur schwer.

Kernthemen: Selbstführung und lebenslanges Lernen

Meine Oma hat immer zu mir gesagt: »Wenn du nicht mit der Zeit gehst, gehst du mit der Zeit.« Das habe ich erst viel später verstanden und mir dann sehr zu Herzen genommen. Die Jüngeren wehren sich heute zu Recht gegen einen diktatorischen Führungsstil, der streng und hierarchisch daherkommt. Das Modell »Zuckerbrot und Peitsche« ist längst überholt. Wer das nicht versteht und keine echte und faire Bindung zum Menschen / Mitarbeiter aufbaut, hat in meinen Augen verloren. Der Chef, der alles besser weiß und alle Fäden in der Hand behalten will, hat ausgedient. Das durfte ich selbst über die Jahre auch von meinem Team lernen – ich habe von meinen Mitarbeitern vermutlich genauso viel gelernt wie sie von mir.

Anfangs habe ich mir den Führungsstil meines Vaters zu eigen gemacht, weil ich keine Alternative hatte und ich keine bessere Möglichkeit sah, mir Respekt zu verschaffen. Was ich heute weiß: dass ich dadurch nicht authentisch war. Meine Vorteile lagen sicherlich in meiner fachlichen Kompetenz und meinem beharrlichen Fleiß; das hat manchen vielleicht imponiert, da ich noch sehr jung war. Es gab ihnen auch ein Gefühl von Sicherheit.

Doch ich merkte mit der Zeit, dass ich nur eine Rolle einnahm: Ich war nicht ich selbst. Tief im Inneren wollte ich anders sein. Ich wollte auch meine warme, den Menschen zugewandte Seite zeigen. Mir taten die Mitarbeiter manchmal richtig leid, weil wir – mein Vater und ich – einfach zu hart waren.

Trotzdem brauchte es noch einige Zeit, bis ich zu einer Veränderung bereit war. Diese Rolle, die »Maske«, die ich mir angeeignet hatte, war schwer abzulegen. Mein LEIDbild war so stark, dass ich meine Authentizität nicht leben konnte. Mein wirkliches LEITbild entwickelte sich erst durch die Erfahrungen, die ich im Laufe der Zeit gemacht hatte. Schließlich gelang es mir, die Punkte zu visualisieren, die ich umsetzen wollte, um ein Team erfolgreich führen zu können. Was ich für mich schließlich daraus schloss, war Folgendes: Wer sich nicht selbst zu führen versteht, wer zu sich selbst nicht gut ist und täglich das tut, was ihm Freude bereitet, der kann nicht positiv sein und der kann auch andere nicht führen.

Ich überlegte mir, welche Werte mir wirklich wichtig waren, welche ich mit meinem Team leben wollte und welche ich für mich selbst brauchte. Ich habe mir meine Werte aufgeschrieben und auch das Leitbild, nach dem ich ein Team führen wollte. Vor allem sollten es Werte sein, die die Mitarbeiter schon mitbringen. Denn eines habe ich damals verstanden: Wenn das gesamte Team, inklusive Chef, keine gemeinsamen Werte hat, führt das zu einem endlosen Kampf, bei dem nur sinnlos Energie verschwendet wird. Diese Erkenntnis habe ich seither immer befolgt. Wenn ich mir nun eine Arbeitsstelle suchte, klärte ich so früh wie möglich die Werte und das Leitbild des Chefs ab. Passten sie mit meinen Werten und meinem Leitbild nicht zusammen, würde ich dort nicht anfangen.

Werte, die für mich wichtig sind:

- Ehrlichkeit
- Vertrauen
- Wertschätzung
- Respekt
- Spaß
- Klarheit

- Zuverlässigkeit
- Teamgedanke
- Achtsamkeit
- Geduld
- Das gleiche Mindset

Mein Leitbild, das ich verinnerlicht habe:

- Vergiss nie, wie du mal angefangen hast.
- Sei dir selbst für nichts zu schade.
- Sei demütig.
- Diene deinem Team.
- Stelle den Menschen in den Mittelpunkt.
- Kümmere dich um deine Mitarbeiter.
- Nimm die Menschen so, wie sie sind, ohne Bewertung.
- Reagiere nicht auf jede Situation sofort.
- Nimm dir deine eigenen Auszeiten.
- Triff Entscheidungen aus dem Bauch heraus und mit dem Herzen.
- Bereite dir und deinem Team einen schönen Tag.

Irgendwann verstand ich, dass jeder wertvoll ist und jeder mindestens eine Sache im Leben gut kann (natürlich ist es mehr als eine!). Wir müssen uns alle arrangieren, doch jeder hat seine Stärken, von denen auch ich als Führungskraft lernen kann. Diese Strategie verfolge ich bis heute.

Getreu dem Motto meiner Oma bildete ich mich permanent weiter. Leben bedeutet, lebenslang zu lernen. Wer glaubt, mit seiner persönlichen Entwicklung fertig zu sein, und sich zufrieden zurücklehnt, hat schon verloren. Ich selbst habe schon immer Gefallen daran gefunden, mich weiterzubilden, das Gelernte an mein Team weiterzugeben und meine Mitarbeiter auf meine Reise mitzunehmen. Du hast immer die Wahl, ob du der Kapitän sein willst oder Passagier auf dem Schiff.

Gegenwind

Es gibt immer pessimistische Menschen, die gerne dagegenreden, wenn sich ihr Gegenüber fleißig weiterbildet. Ich wurde sogar mal als »Seminarjunkie« bezeichnet. Vermutlich sind diese kritischen Menschen selbst noch nicht in den Genuss gekommen, zu erleben, was es bedeutet, sich persönlich weiterzuentwickeln und dadurch neue, aufregende Resultate zu erzielen.

Viele dieser Menschen bleiben am liebsten in ihrer Komfortzone, und zwar an der Stelle, wo es windstill ist: auf ihrem geliebten Sofa mit einer Tüte Chips oder am Pool mit einem Cocktail in der Hand. Hauptsache, nicht anstrengen. Diese Menschen haben oft schlicht Angst vor der Veränderung und vor dem Schmerz, den sie bereitet. Sie geben sich damit zufrieden, wie es ist – können sich aber leider nicht weiterentwickeln.

Ja, inneres Wachstum hat immer mit einem gewissen Schmerz zu tun und der spielt sich nur außerhalb deiner Komfortzone ab. Da ist es stürmisch, es blitzt, es donnert, es geht den Berg steil rauf und wieder runter, es kommt mal Sonnenschein und dann wieder Regen. Mit diesem ständigen Wechsel musst du umgehen lernen. Manche ertränken ihre Angst vor Veränderung oder die Tiefschläge, die sie erlebt haben, gleich in Alkohol oder werden selbst zum Sturm, sie schreien oder brechen zusammen, anstatt gemeinsam zu überlegen und das Beste aus der Situation zu machen. Denn jede Herausforderung, vor die wir gestellt werden, hat immer einen Sinn im Leben. Nur welcher das ist, erfahren wir oft erst später.

Dann gibt es noch diejenigen, die das zwar verstehen und ihre Mitarbeiter auf Seminare schicken, die aber selbst nicht daran teilnehmen. Das sind besonders spannende Fälle. Diese Menschen geben viel Geld aus, weil sie glauben, dass ihre Mitarbeiter dadurch besser werden oder sie ihnen damit etwas Gutes tun.

Diese besorgten Führungskräfte leben diesen Ansatz jedoch nicht selbst und wundern sich, wenn ihre Bemühungen im Endeffekt nichts bringen. Die Mitarbeiter kommen dann zwar Feuer und Flamme zurück, aber sie sind die Einzigen, die etwas verstanden haben, und kommen somit selten in die Umsetzung. Wenn die anderen Mitarbeiter inklusive Chef nicht auf demselben Wissensstand sind, dann wird sich im Betrieb auch nichts ändern.

Manche Firmen wiederum geben Unmengen an Geld für Workshops, Incentives und Coachings aus, weil sie eben ein bestimmtes Budget im Jahr für Weiterbildung zur Verfügung haben – in der Hoffnung, dass das Team dann motivierter ist und noch mehr Umsatz erwirtschaftet. Leider bringt das oft nicht viel, weil meist nur die Führungskräfte auf eine Fortbildung geschickt werden. Sie kehren dann voller Euphorie zurück, aber ihr Funke will nicht auf die Teammitglieder überspringen, weil diese nicht verstehen, warum sie Dinge plötzlich anders machen sollen. Es fehlt einfach an der Umsetzung, weil keiner im Betrieb das Team auf einen Stand bringt – und die Flamme erlischt.

Daher gilt: Leadership fängt immer bei dir selbst an. Stehe nicht *vor* deinem Team, sondern *hinter* ihm, und bringe jeden Einzelnen in seine Kraft.

Ich bildete mich also weiter und war unter anderem auf dem Speaker-Seminar von Tobias Beck: Vier Tage und drei Nächte mit ganzen elf (!) Stunden Schlaf. Was wir da gemacht haben? Ja, das muss man erleben ... Auf diesem Seminar habe ich gemerkt, wie verkopft ich war und wie schwer es mir fiel, auf der Bühne meine Emotionen zuzulassen. Durch einige Übungen hat sich bei mir ein Schalter umgelegt. Die Zeit wurde intensiv genutzt, um uns völlig aus unserer Komfortzone rauszukatapultieren. Denn erst dann fangen wir an, zu lernen und uns zu verändern.

Ich habe gelernt, meine Emotionen zuzulassen, zu erkennen, dass ich gut bin, so wie ich bin, und aus meiner Vergangenheit meine erfolgreiche Zukunftsstrategie zu machen.

Auf diesem Seminar lernte ich auch Nico Gundlach kennen. Wir merkten in unseren Pausengesprächen schnell, dass wir eine ähnliche Herangehensweise hatten, ein Team zu führen. Zusammen mit ihm und seiner Kreativagentur »Bestes Pferd im Stall« entwickelte ich schließlich das FAN-Modell.

Schon damals hatte ich das Problem, geeignete Fachkräfte zu finden, von Azubis ganz zu schweigen. Deshalb fing ich an, gezielt nach begabten Quereinsteigern zu suchen. Nico ging es ähnlich. Er selbst beschäftigt heute etwa 50 Prozent Quereinsteiger, und das im Marketingbereich. Ich will damit nicht sagen, dass Quereinsteiger besser oder schlechter sind als Fachkräfte. Der große Vorteil bei ihnen ist aus meiner Sicht, dass sie unvoreingenommen und offen sind und sehr motiviert, etwas Neues zu lernen. Wenn sie es verstanden haben, sind sie oft schneller in der Umsetzung und man kann sie besser formen als Fachkräfte.

Bei Fachkräften steht oft das Können im Vordergrund, das, was sie gelernt haben. Dadurch haben sie meist auch ein (zu) großes Ego. Das gründlich Gelernte ist so stark in ihrem Kopf verankert, dass sie nicht immer mit der Zeit gehen. Sie tun sich oft schwer damit, das »alte Wissen« an neue Bedingungen anzupassen. Sie sind nicht immer bereit, neue Dinge anzunehmen. Sie sind oft verbohrt. Doch das gilt natürlich nicht für alle. Es gibt positive Ausnahmen. Solche Ausnahme-Mitarbeiter findest du in beiden Gruppen, bei Quereinsteigern und Fachkräften. Also sei aufmerksam und sensibel, um erkennen zu können, wo sich deine A-Mitarbeiter befinden und wer diese sind.

Ein Beispiel: Meine Mitarbeiterin Martina hatte sich ohne Ausbildung bei mir beworben und sagte im Bewerbungsgespräch: »Ich mache alles, außer zu kellnern.« Sie arbeitete etwa fünf Jahre bei uns in den Betrieben und hatte 2019 sogar die Restaurantleitung der Schützen-Wirtin inne. Das Erstaunliche: Martina war schon nach kurzer Zeit die beliebteste Kellnerin; sie selbst hätte nie gedacht, dass sie das kann, geschweige denn, dass es ihr Spaß macht. Zwischendurch hatte ich ihr angeboten, bei uns eine Ausbildung zu machen, aber das wollte sie aus finanziellen Gründen nicht. Sie wollte frei sein, auch andere Branchen ausprobieren und die Welt bereisen.

Mittlerweile beschäftige ich reichlich Quereinsteiger. Deshalb kann ich zwar vielleicht über Fachkräftemangel klagen, aber nicht über Personalmangel. Denn Leute, die arbeiten *wollen*, gibt es genug. Nein? Oh doch!

Ich glaube, dass unser Hauptproblem ein anderes ist: Wir erwarten fertige Menschen. Doch seien wir mal ehrlich – fertige Menschen gibt es nicht! Doch es gibt diejenigen, die einfach anpacken und bereit sind, alles zu lernen. Denn wir lernen alle, ein Leben lang. Ich nenne solche tollen Menschen auch Machkräfte.

Von der Führungskraft zur Machkraft

Es ist deine Aufgabe als Führungskraft – ob nun Unternehmerin oder Abteilungsleiter –, einen Rahmen zu schaffen, in dem Mitarbeiter gerne arbeiten und in dem sie auch bleiben wollen. Eine echte Machkraft zügelt in der Regel ihr Ego jeden Tag, bevor sie das Haus verlässt und zur Arbeit geht. Führung muss man aus tiefstem Herzen wollen, denn du tust damit die Dinge, zu denen andere nicht bereit sind. Führung ist (d)eine Entscheidung.

Doch entscheiden sich Menschen nicht immer bewusst und aus eigener Motivation für eine Führungsposition, manchmal rutschen sie einfach so hinein oder rücken nach, ohne gefragt zu werden, einfach weil es die nächste logische Stufe auf der Karriereleiter ist.

Ich gebe dir drei Beispiele von Führungsrollen, die ich für mich abgrenze. Natürlich sind die Übergänge zwischen diesen Typen fließend und sie überschneiden sich auch zum Teil. Ich sehe sie jedoch als drei verschiedene Entwicklungsstufen: von der Führungskraft zum Leader und schließlich zur (aus meiner Sicht) Königsklasse: der Machkraft.

Führungskräfte ...
sind Menschen, die meist in eine Rolle schlüpfen. Sie ...

- haben oft ein großes Ego und sehen nur die Karriere;
- haben häufig Selbstzweifel und ein geringes Selbstbewusstsein;
- trennen selten beruflich und privat;

- erwarten fertige Menschen;
- verharren gerne in der Bewertungsschublade;
- sind oft überfordert mit ihren Aufgaben;
- sind eher ergebnisorientiert als menschenorientiert.

Leader ...
sind Menschen, die andere in eine Richtung führen. Sie ...

- sind zu 100 Prozent dabei;
- blicken nach vorne und konzentrieren sich auf die Stärken der Mitarbeiter;
- arbeiten lösungsorientiert;
- entwickeln einen eigenen Führungsstil;
- sind Helden und Vorbilder und machen Mitarbeiter zu ihren Fans;
- haben oft hohe Erwartungen an die Mitarbeiter;
- sehnen sich nach Fachkräften, sind aber auch in der Lage, Quereinsteiger zu führen.

Machkräfte (die Königsdisziplin) ...
sind Menschen, die aus anderen etwas machen. Sie ...

- gehen ALL IN;
- bewerten NIE;
- machen einfach, ohne darüber nachzudenken, ohne Anweisungen zu hinterfragen;
- pflegen eine gesunde Fehlerkultur;
- haben einen unbedingten Willen, können flexibel auf unterschiedlichen Positionen arbeiten und sind somit in der Lage, sich in jedes Teammitglied hineinzuversetzen;
- schubsen ihre Mitarbeiter gerne raus aus der Komfortzone;
- sind Talentmanager und in der Lage, aus jedem einen Diamanten zu machen, der zum Fan der Organisation wird und somit zum Markenbotschafter.

Da der Machkräftemangel das zentrale Thema des Buches ist und es zukünftig darauf ankommen wird, als Machkraft nach potenziellen Machkräften zu suchen und diese zu halten, verwende ich in diesem Buch überwiegend den Begriff »Machkräfte«.

Ich habe vorhin von meiner Restaurantleiterin Martina erzählt. Martina ist nachgerückt, als die bisherige Leitung nach drei Jahren aufgehört hat, weil sie sich selbstständig machen wollte. Ich habe Martina die Chance gegeben, weil ich gewillt war, sie für die Leitungsfunktion auszubilden. Nach ein paar Monaten haben wir aber beide gemerkt, dass sie kein Leader ist, ohne das jetzt zu bewerten. Sie hat ihre Stärke zwar darin, das Team emotional und sozial zusammenzuhalten, sie kann anpacken und auch Ansagen machen und sie ist durchaus in der Lage, eine Leitungsfunktion über einen gewissen Zeitraum auszuüben (z.B. als Urlaubsvertretung). Wenn sie diesen Rundumblick jedoch über einen längeren Zeitraum haben musste, entzog ihr das Energie, sie wurde öfters krank und ihre Leistung hat merklich nachgelassen.

Deshalb ist sie von ihrem Posten wieder zurückgetreten und uns ging es beiden damit besser. Es war gut, dass ich ihr diese Chance gegeben habe, denn sonst hätten wir das nie herausgefunden, auch sie nicht, denn sie wollte immer gerne mehr Verantwortung, wie so viele in der Arbeitswelt.

Natürlich ist es verlockend, verantwortungsvolle Aufgaben zu übernehmen, zum Beispiel Dienstpläne zu schreiben, Bestellungen aufzugeben oder Mitarbeitergespräche zu führen. Man kann sich die Zeit selber einteilen, hat vielleicht ein eigenes Büro und sogar einen Dienstwagen und was weiß ich noch alles.

Doch was viele nicht sehen, ist die Tatsache, dass hinter den Kulissen viel mehr abläuft. Die ständigen Gespräche und Entscheidungen sind anstrengend. Da geht es um persönliche Probleme oder Herausforderungen der Teammitglieder und darum, als Machkraft kritisches Feedback zu geben. Du arbeitest fast doppelt so viel wie die anderen, oft noch von zu Hause aus, was aber keiner sieht. Du bist immer erreichbar, auch an freien Tagen im Einsatz und trägst die Verantwortung für alles. Denn wenn etwas schiefläuft, musst du Rede und Antwort stehen. All das wollen viele, die sich eine Führungsposition wünschen, nicht sehen.

Noch mal kurz zurück zu Martina. Was haben wir gemacht? Wir haben uns auf ihre Stärken konzentriert. Als Machkraft solltest du immer das ganze Potenzial in jedem wecken und es zur Entfaltung bringen – auch wenn derjenige selbst manchmal noch gar nicht weiß, was er alles kann oder eben nicht.

So habe ich eher zufällig herausgefunden, dass Martina in ihrer Freizeit gerne zeichnet. Das ist ihre Leidenschaft. Anfangs behauptete sie, sie sei nicht gut genug, doch ich habe nicht lockergelassen (ich schubse die Menschen an meiner Seite zu gerne in die richtige Richtung). Martina wurde immer besser und hat für sich ein kreatives Hobby entdeckt, das sie entspannt, ihr einen guten Ausgleich gibt und dazu beiträgt, dass sie auch ihre Arbeit mehr erfüllt.

Unterstützung ist gefragt

Als Trainerin und Coach ist es meine Aufgabe, Teams zu motivieren, sie ins Gleichgewicht zu bringen und ans Unternehmen zu binden – ich bin die »externe Teamflüsterin«, die allen Beteiligten die Scheuklappen von den Augen nimmt, das Bindeglied zwischen Team und CEO ist und das Bewusstsein für die Teamführung schafft. Doch immer wieder werde ich mit Leuten konfrontiert, die nur in eine Führungsposition rutschen, weil es der nächste Posten auf der Karriereleiter ist, die aber selbst nicht reflektiert genug sind, sich einzugestehen, dass sie zwar ihre Kompetenzen besitzen, aber noch lange keine Führungspersönlichkeit sind und es vielleicht auch nicht wirklich sein wollen.

Oder ich begegne Menschen, die durchaus das Potenzial zum Leader, zur Machkraft haben, denen andere den Job aber nicht zutrauen oder die andeuten, dass diese nicht gut genug dafür sind. Gerade dann heißt es für die Führungspersönlichkeit, standhaft zu bleiben.

Leadership hat nämlich viel damit zu tun, dass man an sich selbst glaubt, auch wenn es sonst niemand anderer tut. Führung fängt immer bei DIR an. Führungskräfte haben die Aufgabe, authentisch zu sein, andere auszubilden, einzuarbeiten und Mitarbeiter in ihre eigene Kraft zu bringen. Als Machkraft braucht man kein Zertifikat.

Nur die wenigsten sind dazu bereit, ALL IN zu gehen, sich um die verschiedenen Altersgruppen und Hierarchiestufen, um unterschiedliche Bedürfnisse und um neue Mitarbeiter zu kümmern, weil es anstrengend ist und viele dann genervt sind. Oft herrscht deshalb schlechte Stimmung, die aus einer Überforderung entsteht oder aus einem Mangel an Wertschätzung und Lob. Klar brauchen wir ein großes und starkes Selbstbewusstsein, denn uns Machkräfte lobt in der Regel keiner. Unser Job ist es, die anderen zu loben und wertzuschätzen. Das vergessen sehr viele in der Arbeitswelt. Und was passiert dann? Die Krankheitsfälle häufen sich, es herrscht Personalmangel, die Stimmung kippt, Mobbing entsteht, weil die Führungskraft / der Leader überfordert ist, und das Team arbeitet letztlich gegeneinander anstatt miteinander.

Daher sollten wir uns bemühen, nicht einfach nur Jobs zu vergeben bzw. Posten zu besetzen, sondern vielmehr dafür sorgen, dass die richtigen Menschen in ihrer Arbeit Erfüllung finden.

Deshalb bin ich davon überzeugt, dass wir vielmehr einen Machkräftemangel als einen Fachkräftemangel zu bewältigen haben. Wir brauchen Macher, bei denen das Gesamtpaket passt und nicht nur die fachliche Kompetenz.

Merkwürdig

- Wir fokussieren uns zu sehr auf das Können anstatt auf das Wollen.
- Wenn du nicht mit der Zeit gehst, gehst du mit der Zeit.
- Wer keine Bindung zum Menschen aufbaut, hat verloren.
- Wer sich nicht selbst zu führen versteht, wer zu sich selbst nicht gut ist und täglich das tut, was ihm Freude bereitet, der kann nicht positiv sein und der kann auch andere nicht führen.
- Jeder ist wertvoll und kann mindestens eine Sache im Leben gut.
- Leben bedeutet lebenslanges Lernen.
- Du hast immer die Wahl, ob du Kapitän sein willst oder der Passagier auf dem Schiff.
- Stehe nicht *vor* deinem Team, sondern *hinter* ihm, und bring jeden Einzelnen in seine Kraft.
- Sei aufmerksam und sensibel, um erkennen zu können, wo sich deine A-Mitarbeiter befinden und wer diese sind.
- Wir erwarten fertige Menschen. Doch fertige Menschen gibt es nicht! Aber es gibt diejenigen, die einfach anpacken und bereit sind, alles zu lernen.
- Eine Machkraft zügelt in der Regel ihr Ego jeden Tag, bevor sie das Haus verlässt und zur Arbeit geht.
- Hör auf zu bewerten und schau immer hinter die Kulissen.
- Führung ist d(eine) Entscheidung, ALL IN zu gehen.
- Vergib nicht nur Jobs bzw. besetze Posten, sondern sorge vielmehr dafür, dass die richtigen Menschen in ihrer Arbeit Erfüllung finden.

4. Machkräftemangel

Wir wünschen uns also Mitarbeiter, die sowohl kompetent als auch engagiert sind. Woran wird das gemessen? Viele denken: Nur wer immer alles richtig macht, ist kompetent. Doch was ist, wenn jemand mal einen Fehler macht? Dann fallen die Reaktionen oft heftig aus: »Nichtsnutz«, »Schon *wieder* falsch, ich hab es doch schon dreimal erklärt«, »Da hätte ich es lieber selber gemacht«, »Der ist ja zu nichts zu gebrauchen.« Und so weiter und so fort.

Doch die Frage, die man sich eigentlich stellen sollte, lautet: Warum ist der Fehler überhaupt passiert? Damit sollten wir uns in erster Linie auseinandersetzen. Meistens ist der »Fehler« des Mitarbeiters die Folge eines Führungsfehlers. Und das hat häufig mit unserem Umgang mit Schwächen und Stärken zu tun. Viele Führungskräfte möchten das fördern, was aus ihrer Sicht fehlt, aber damit liegt der Fokus auf den Schwächen – und das ist der falsche Ansatz. Wir sollten doch eher das fördern, was schon da ist, also Stärken stärken, um dann noch besser zu werden. Und das ist die Aufgabe einer Machkraft.

Machkräftemangel bedeutet, dass wir einen Mangel an Menschen in unseren Firmen und Betrieben haben, die andere in ihre Kraft bringen, die die Stärken von Personen erkennen und fördern und sie damit zu wertvollen Mitarbeitern (Diamanten) machen.

Vom Leader zur Machkraft

Leader sind Menschen, die ihre Mitarbeiter so entwickeln, dass sie lernen, sich selbst zu führen, und die in deren Persönlichkeit investieren. Die Persönlichkeit des Leaders entscheidet über das Gelingen oder das Scheitern der neuen Formen der Zusammenarbeit.

Bislang scheitern leider zu viele Unternehmen an den Egos ihrer Führungskräfte. Jemand, der ein zu großes Ego hat, ist zu sehr von sich überzeugt und merkt nicht mehr, wie er bei seinem Gegenüber ankommt. Sie leben sozusagen in unterschiedlichen Welten.

Machkräfte hingegen nehmen das Ego komplett raus und denken nicht in Problemen, sondern in Lösungen. Machkräfte verurteilen nicht. Sie heben ihre Mitarbeiter auch nicht zu sehr vor anderen in den Himmel. Das bedeutet nicht, dass sie nicht loben. Aber sie setzen ihr Lob bewusst ein. Auf diese Weise sorgen sie dafür, dass keine Eifersucht im Team aufkommt. Sie selbst jammern nie vor ihrem Team. Sie versuchen einfach, jeden Tag die beste Version ihrer selbst zu sein, um die anderen damit anzustecken, sie zu motivieren und zu inspirieren, damit das Team selbst denkt und auf Lösungen kommt.

Machkräfte beeinflussen andere durch das Beispiel, das sie selbst geben. Mit der Folge, dass ihr Team anfängt, zu reden und zu handeln wie sie, auch wenn die Machkraft selbst nicht anwesend ist. Doch es geht hier nicht um ein bloßes Kopieren. Die Mitarbeiter haben immer den Freiraum, selbst Ideen und Lösungswege zu entwickeln. Diese idealen Machkräfte sind in der Regel Fachkräfte (in seltenen Fällen kommen sie aus ganz anderen Berufen), die keine Erwartungen haben, sondern bereit sind, offenen und motivierten Menschen alles beizubringen.

Diese Machkräfte machen andere groß, egal, welche Vorkenntnisse diese haben. Sie gleichen ihre eigenen Schwächen mit den Stärken der anderen aus, ganz nach dem Motto: »Konzentriere dich auf das Beste in dir.«

Möchtest du nicht auch eine echte Machkraft werden, die Mitarbeiter zu Fans der Organisation macht, die wiederum stolz darauf sind, dort arbeiten zu dürfen, die eins mit der Firma werden, allen davon erzählen und noch auf dem Heimweg das gebrandete Shirt tragen? Für diese Begeisterung sorgt nur eine Machkraft.

Wenn du als Leader eine Machkraft werden willst, solltest du es dir genau überlegen. Diese Entscheidung bringt vor allem eines mit sich: sehr, sehr viel Arbeit. Stell dir den Prozess wie das Training für einen Marathon vor, den du auch nicht mal eben so läufst. Da gehören viel Selbstdisziplin, Positivität und Durchhaltevermögen dazu.

Wichtig: Leader sind für mich Menschen, die andere in eine Richtung führen, und Machkräfte sind ganz klar Menschen, die aus anderen etwas machen. Und wir brauchen BEIDES.

Dazu gehört auch, dass du allen eine Chance gibst. Das verlangt viel Geduld und bedeutet, ohne Bewertung und Vorurteile an die Sache heranzugehen. Denn das höchste Maß an Selbstdisziplin ist, nicht zu bewerten.

Personalsuche aus dem Bauch heraus

Die meisten beurteilen Bewerber nach ihren Qualifikationen, anhand von Zeugnissen und danach, was im Lebenslauf steht. Für mich zählt immer das Gesamtpaket. Meine Entscheidungsgrundlage lässt sich auf eine einfache Formel bringen: 80 Prozent Gefühlsebene und 20 Prozent Kopfebene. Sprich, zu 80 Prozent steht das Menschliche im Vordergrund – Ausstrahlung, Werte, Einstellung – und nur zu 20 Prozent das Fachliche.

Was bringt es, wenn du jemanden einstellst, der fachlich super ist, der aber überhaupt keine Ausstrahlung hat oder bei dem das Herz fehlt? Da kann kein Funke überspringen. Oder wenn das Fachliche passt, doch das Mindset des Bewerbers überhaupt nicht zu deinem

Unternehmen, zu der Tätigkeit, zu den Kunden passt? Wenn ich Machkräfte coache, sage ich immer: »Das Fachliche kannst du anderen beibringen, aber das Herz, die Werte, die Ausstrahlung nicht. Das muss da sein.«

Es ist doch so, dass die meisten Kaufentscheidungen aus dem Bauch heraus getroffen werden. Wenn die Verkäuferin deine Kunden emotional abholt und dann noch die richtigen Verkaufssätze anwendet, die sie im Unternehmen gelernt hat, hast du schon gewonnen.

Ich arbeite mit diesem Ansatz schon über zehn Jahre lang sehr erfolgreich und gebe das auch gerne an andere weiter. In der Anfangsphase, wenn Leader sich als Machkraft ausprobieren wollen, höre ich dann oft, dass in der Praxis die Zeit fehlt, um neue Mitarbeiter mit den fachlichen Basics vertraut zu machen. Doch diese Zeit muss man sich unbedingt nehmen.

Ein Beispiel aus einem Restaurant in Niederösterreich: Annika hatte jahrelang in der Immobilienbranche gearbeitet. Sie wollte sich beruflich verändern und mehr direkt mit Menschen zu tun haben. Sie hatte sich in einem Restaurant beworben, das gerade mit einem komplett neuen Konzept gestartet war. Annika hatte nicht in der Gastronomie gelernt, nur früher während der Ausbildung nebenbei in einem Café gekellnert.

Fachlich hat sie also fast nichts mitgebracht, aber sie ist einfach eine beeindruckende Erscheinung. Ihr freundliches, zugewandtes Wesen war schon an der Bewerbung zu erkennen. Auch im Vorstellungsgespräch konnte sie überzeugen. Annika ist eine Person, in deren Anwesenheit man sich sofort wohlfühlt, und sie kann sich gut verkaufen. Also bekam sie die Chance, in dem Restaurant anzufangen. Klar war aber von Anfang an, dass man ihr das nötige Fachwissen erst noch vermitteln musste.

Was man im Vorstellungsgespräch vereinbart hat – zum Beispiel eine gründliche Einarbeitung –, wird leider oft schnell wieder vergessen. In der Praxis sieht das dann häufig so aus: Die Leader sind enttäuscht, weil der Bewerber ihre (unausgesprochenen) Erwartungen nicht erfüllt. Sie sind erschrocken darüber, was aus ihrer Sicht fachlich fehlt, und konstatieren oft vorschnell, dass die Person »gar nichts« kann. Dabei haben sie ihr nicht einmal eine Chance gegeben, sich zu beweisen, und es auch versäumt, sie selbst auszubilden.

Doch die Zeit dafür musst du dir als Leader, als echte Machkraft bewusst nehmen. Natürlich ist das in den ersten Wochen anstrengender, als wenn du gleich eine Fachkraft eingestellt hättest. Doch die Rückmeldungen der Gäste, wenn du fragst, bei wem sie sich wohlfühlen, zeigen, dass oft das Menschliche, die Freundlichkeit mehr zählt als das Fachliche. (Im Idealfall bringt ein Mensch beides mit!) Der Aufwand bei den Quereinsteigern, die mit ihrem Wesen punkten können, lohnt sich jedoch in den meisten Fällen.

Wenn du eine Machkraft ausgebildet hast, ist es wichtig, es nicht bei dieser einen Erfolgsstory zu belassen. Verfolge diese Strategie weiter und bilde immer weitere Machkräfte aus.

Das funktioniert natürlich nicht in allen Branchen. Wohl niemand würde sich von einem Medizin-Erstsemester operieren lassen oder seine Steuerangelegenheiten einem Menschen anvertrauen, der sich hobbymäßig für Zahlen interessiert. Doch in vielen Dienstleistungsbereichen, im Einzelhandel, in der Immobilienbranche, im Marketing, in der Gastronomie oder der Hotellerie- und Tourismusbranche, bietet diese Form des Recruitings und der Personalführung ungeahnte Möglichkeiten.

Was macht eine Machkraft aus?

Eine Machkraft ist eine Person, die das Ziel kennt und einfach macht, die loslegt, ohne viel nachzudenken, und so das Ziel erreicht. Eine Machkraft beschreibt das Ziel und gibt vor, bis wann es erreicht sein muss; sie hält sich nicht lange mit dem Weg auf, der dort hinführt. Viele Führungskräfte beschreiben ewig lange die Aufgabe und das Prozedere. Da steigen die meisten Mitarbeiter schon nach kurzer Zeit aus, entweder weil sie nicht mehr mitkommen oder weil sie es vielleicht anders machen würden. Da fragt sich der Chef dann schon mal:

»Warum gehen die denn ständig rauchen, schauen auf ihr Handy und führen private Gespräche?«

Weil sie in den meisten Fällen dank des langatmigen Vortrags ihres Chefs den roten Faden nicht finden und mit ihrer Aufgabe komplett überfordert sind. Da hilft meist schon ein gutes, lebendiges Beispiel, um den Stein ins Rollen zu bringen. Oft entwickeln die Mitarbeiter dann durch eigenes Handeln neue Ideen und werden zum Macher. Viele meiner Mitarbeiter sind so sogar schneller ans Ziel gekommen als ich. Also: Spiel den Ball zurück ins Team und schenke ihm den Freiraum, selber auf die Lösung zu kommen.

Früher brauchte es immer einen Auftrag des Chefs, damit ein Mitarbeiter sich an die Arbeit machte. Heute müssen Führungskräfte / Leader – oder besser Machkräfte – ihre Mitarbeiter aktiv motivieren, damit diese sich mit einer Aufgabe identifizieren können und mit vollem Eifer bei der Sache sind. Das Ziel ist gleich geblieben, nur der Weg dorthin hat sich verändert.

Ein Beispiel für eine echte Macherin ist für mich Katja Porsch, International Speaker, Autorin und Trainerin. Katja ist für mich wirklich ein Vorbild, was das Umsetzen angeht. Sie ist übrigens dafür verantwortlich, dass es dieses Buch überhaupt gibt, denn sie hat mir in einem ihrer Seminare, das ich Ende 2019 besucht habe, den nötigen »Tritt in den Hintern« gegeben, um loszulegen. Ich dachte, ich müsse erst noch weitere Ausbildungen machen, um auf der Bühne zu stehen, und um ein Buch schreiben zu können, bräuchte es viel mehr Zeit. Doch sie hat mir den Mut gegeben, etwas zu wagen, denn ich habe eine Story und kann damit andere motivieren.

Ich habe sie als eine echte Macherin kennengelernt. »Augen zu und durch, egal, was andere denken«, sagt sie selbst. Ähnlich wie ich war auch sie in der Schule eher die Ruhige, die rot anlief, wenn sie vor der Klasse stand und etwas vortragen musste. Heute steht sie weltweit auf der Bühne, spricht vor 3000 Menschen (und mehr) und motiviert andere, zum Macher ihres Lebens zu werden, ihren eigenen Weg zu gehen, auch wenn sie noch so viele Steine in den Weg gelegt bekommen.

Katja hatte in ihrem Leben selbst viele Herausforderungen zu meistern – Pleiten und Pessimisten an ihrer Seite. Aber sie ist immer wieder aufgestanden und hat weitergemacht. Sie kannte ihr Ziel und da wollte sie hin. Und wenn Katja sich etwas in den Kopf gesetzt hat, macht sie es einfach. Manchmal geht sie den langen Weg und weiß erst im Nachhinein, was besser gewesen wäre. Aber wenn man es nicht versucht, schafft man es nie.

Heute nimmt sie viele Menschen mit auf ihre Reise und holt das Beste aus jedem Menschen heraus, ohne ihn zu verbiegen. Ihr ist es wichtig, dass jeder so bleibt, wie er ist, und seine eigene Persönlichkeit und seine Stärken in den Vordergrund gestellt werden. Und sie zeigt dir, dass es im Leben darum geht, einfach mal zu machen und nicht im Voraus zu lange über etwas nachzudenken.

Macher – das hat man früher mit einem anderen Typ Chef assoziiert. Das war in erster Linie ein Mensch, der eine gewisse Macht auf jemand anderen ausüben konnte. Frei nach dem Motto: Wer Macht hat, gewinnt. Aber darum geht es heute nicht mehr. Echte Macher sind Menschen, die sich endlich mal etwas trauen, egal, was die anderen sagen. Die einfach loslegen, ohne perfekt vorbereitet zu sein, ohne in die immer gleiche Norm oder das System zu passen. Machkräfte sind anders als die anderen und deshalb sind sie in meinen Augen Helden. Das kommt dir übertrieben vor? Ich finde nicht. Superman zum Beispiel ist im Alltag jemand, der sich anpasst, demütig ist, ohne Ego, ein Nerd mit Brille und Anzug, der genauso mit im Boot sitzt wie die anderen. Doch sobald eine Herausforderung kommt, wird er zum Macher, zieht das Superman-Kostüm an und macht einfach. Er hebt sich mit seinem Kostüm und mit seinem Tun von den anderen ab, denkt in Lösungen und ist der Held für das Team.

Achte doch einmal ganz bewusst auf die ruhigen Menschen in deinem Team oder im weiteren Umfeld. Manchmal reißen gerade diese unauffälligen Vertreter, von denen du es niemals erwartet hättest, das Ruder im entscheidenden Moment herum und machen einen sehr guten Job.

Die modernen Helden haben übrigens keine Untergebenen

mehr. Sie machen ihre Mitarbeiter selbst zu Führungspersonen bzw. Machkräften. Und wahrhaft meisterhafte Machkräfte gehen sogar noch einen Schritt weiter: Sie helfen nicht nur ihren Mitarbeitern dabei, zu Machkräften zu werden, sondern jeder Person, mit der sie in Kontakt treten.

Andreas, einer unserer langjährigsten Mitarbeiter, hat zum Beispiel als Praktikant bei uns angefangen, dann die Ausbildung zur Fachkraft im Gastgewerbe abgeschlossen und über die Jahre gute Resultate geliefert, indem er Eigeninitiative zeigte und einfach gemacht hat. Er hat gar nicht gemerkt, dass er immer mehr eine Führungsrolle einnahm, und ließ nie raushängen, dass er eigentlich schon viel weiter war als manch andere Führungskraft. Er hat einfach Aufgaben übernommen, ohne dass man Druck oder eine Erwartung aufgebaut hatte, damit er das tat. Er bekam schließlich die Verantwortung für die gesamte Gastronomie im Strandbad Wannsee.

Andreas ist eine wahre Machkraft: Er hebt sich selbst nicht hervor, macht andere groß, ist immer loyal und holt jeden Mitarbeiter da ab, wo er gerade steht, und das ohne Bewertung. Er ist ein Vorbild, das zu Spitzenleistungen führt und wiederum neue Machkräfte ausbildet. Für mich ist er wirklich ein wahrer Held, frei von jeglichem Ego.

Eine Machkraft wird noch bessere Teams aufbauen und in die Menschen investieren, da sie erkannt hat, dass ihre Leute ihr Kapital sind. Sie wird Spitzenkräfte anziehen, während die Konkurrenten das Budget kürzen und Leute entlassen müssen.

Alles eine Frage des Klimas

Die Arbeitsatmosphäre spielt, bezogen auf die Bindung der Mitarbeiter an ihr Unternehmen, eine wichtige Rolle. Sie ist das Fundament für einen wirklich erfüllenden Job. Wenn die Atmosphäre nicht stimmt, hat das weitreichende Folgen. Die Mitarbeiter kommen nicht gerne in die Firma; sie tun es nur, weil sie müssen, schließlich muss ja jemand das Geld nach Hause bringen. Sie erledigen stur und uninspiriert ihren Job und niemand wächst unter diesen Umständen über sich hinaus.

So wie wir am Morgen starten, mit welchen Gedanken, verläuft dann meist auch der gesamte Tag: überwiegend positiv oder negativ – das Gesetz der Anziehung. Unsere Gedanken beeinflussen unser Handeln und unser Erleben. Wenn wir etwas gedanklich manifestieren, dann passiert es meistens auch. Wenn wir also morgens schon denken: »Oh nee, ich hab keine Lust, zur Arbeit zu gehen, die Kunden meckern eh nur und auf den Kollegen X habe ich heute auch keine Lust. Wahrscheinlich ist sowieso nix los und der Tag vergeht auch nicht ...«, dann wird das wohl oder übel auch so kommen.

Also ist es doch besser, wenn wir uns von Anfang an positiv programmieren, oder? Dann können wir – egal ob »normaler Mitarbeiter«, Mittelbau oder Führungskraft – so einiges bewirken.

Haltungen und Aussagen, die die Arbeitsatmosphäre vergiften:
- Das ist nicht meine Abteilung.
- Ich habe keine Lust.
- Da mache ich nicht mit.
- Das ist nicht meine Aufgabe.
- Ich habe schon längst Feierabend.
- Das geht dich gar nichts an.
- Kümmere dich um deine Arbeit.
- Passt schon ... Schon okay ... egal.
- Das haben wir alles dir zu verdanken.
- Halt du dich da raus.

Als ich nach und nach eine Wohlfühlatmosphäre im Strandbad Wannsee geschaffen hatte, wurde die Anzahl an guten Mitarbeitern, der Pool, aus dem ich auswählen konnte, immer größer. Und ich hatte gute Gründe für die Verbesserung des Klimas. Mit einer Auswahl an fitten Mitarbeitern wäre ich für die Eröffnung eines weiteren Ladens gewappnet. Ich wollte nicht ständig betteln und immer damit rechnen müssen, dass eine bestimmte Person dann doch nicht kommen kann oder will. Ich wollte erreichen, dass die Teammitglieder auch an Wochenenden freimachen konnten, weil ich noch genug andere Aushilfen zur Verfügung hatte.

Natürlich ist dieser Teamaufbau ein längerer Prozess, und Prozesse sind immer mal chaotisch und anstrengend und du denkst zwischendurch, dass alles nach hinten losgeht. Dabei ist das Wichtigste, dass du an dich und an dein Ziel glaubst. Das ist die beste Voraussetzung, und glaube mir, es lohnt sich!

Wenn du – als echte Machkraft – die richtigen Mitarbeiter eingestellt hast, die dich, deine Philosophie und deine Werte verstehen und diese 1:1 umsetzen, die dazu bereit sind, Kollegen immer wieder aufs Neue gut einzuarbeiten, ohne dabei genervt zu sein, und die ihr Ego ganz weit runtergeschraubt haben, erst dann kannst du auf diesem Fundament aufbauen.

Erst wenn alle gedanklich auf einem Level sind und gemeinsam agieren, ergeben Workshops und Ähnliches einen Sinn. Sonst ist dein Geld wohl eher als Spende zu bezeichnen und nicht als Investition in eine erfolgreiche Zukunft.

Also schaff ein Fundament, lege den Grundstein und steige gemeinsam mit deinem Team in das nächste Level auf.

Auf der Suche nach A-Leuten

Halte immer Ausschau nach anderen Machern. Manchmal kommen sie in Form von Initiativbewerbungen, die wir oft viel zu früh filtern, weil wir sofort anfangen zu bewerten: »Brauche ich nicht, passt nicht rein, kommt aus einem anderen Kompetenzbereich, die Stelle gibt es gar nicht zu besetzen ...«

Natürlich wünschen wir uns alle nur A-Leute, Mitarbeiter, bei denen das Gesamtpaket einfach passt. Doch wie Apple-Gründer Steve Jobs schon erkannte, haben die A-Leute meistens schon ihre festen Jobs. Doch ab und zu kommt es vor, dass auch diese Leute sich umorientieren wollen, etwa weil sie eine neue Herausforderung suchen oder weil sie unzufrieden in ihrem bisherigen Job sind. Da müssen wir wachsam sein. Es passiert mir immer wieder, dass sich Leute melden, die ich schon aussortiert hatte, und fragen, ob ich denn immer noch suche. Dann antworte ich stets: »Ja, ich suche immer, das ganze Jahr!« Man weiß ja nie, wer da gerade anruft!

Um ehrlich zu sein: Ich habe selbst schon durchaus vielversprechende Bewerbungen aussortiert, einfach weil ich mir in meiner Gedankenwelt etwas ganz anderes zusammengereimt habe. Meine Bewertungsschubladen öffneten sich und ich fing an auszusortieren, OHNE dass ich auch nur ein Wort mit der Person gesprochen hatte. Wie bescheuert das war, weiß ich heute.

Meinem Freund Tobi (Tobias Beck – heute der erfolgreichste Speaker und Trainer für Persönlichkeitsentwicklung in Europa, bei dem ich alle Seminare belegt habe) ging es vor ein paar Jahren noch ähnlich. Er war schon lange in der Trainerbranche, als sich eine Studentin bei ihm als Praktikantin bewarb. Er dachte sich: »Wozu brauche ich eine Praktikantin? Was soll die denn bei mir machen? Und noch dazu eine BWL-Studentin.« Nach dieser Entscheidung (»Brauche ich nicht«) hat er ihr höflich abgesagt.

Die Studentin ließ jedoch nicht locker, versuchte es noch einmal und konnte ihn überzeugen. Sie arbeitete zunächst unentgeltlich, da sie eine große Vision verfolgte und wusste, dass da noch etwas ganz Großes kommen würde ... Ich spule mal ein paar Jahre vor. Sie baute mit Tobi eine Riesen-Community auf, eine FAN-Gemeinde aus Menschen, die sie bei den Live-Events unentgeltlich unterstützten. Der Mehrwert, der sich für die Crewmitglieder aus diesen Einsätzen ergab, waren die Inhalte der Seminare und das Netzwerk, das sie für ihr persönliches Wachstum bilden und nutzen konnten. Die Studentin machte einfach und teilte ihr Wissen, stärkte die Stärken der anderen und schaffte innerhalb von zwei Jahren etwas, woran andere Jahrzehnte arbeiten.

Wie kannst auch du zeigen, dass du zur Machkraft werden möchtest? Im Grunde ist es ganz einfach, sagt Tobi: »Du musst zu Beginn Eigeninitiative zeigen, beharrlich sein, dranbleiben und dann erst mal auf das Beziehungskonto einzahlen, bevor du abhebst. Zeig, dass du es mehr willst als alle anderen, ohne dabei Forderungen zu stellen. Arbeitgeber suchen und schätzen Menschen, die das unter Beweis stellen können. Schaffe Resultate und rede nicht zu viel darüber.«

Viele denken sich: Wenn ich erzähle, was ich alles vorhabe, wird das den anderen imponieren. Doch erfolgreiche Menschen haben dafür keine Zeit. Die wollen Ergebnisse sehen. Also hör auf zu labern und mach es einfach. Und dann hab Geduld. Gib nicht zu früh auf, nur weil du denkst, es passiert nichts, keiner nimmt dich wahr ... Doch! Du wirst sicher beobachtet und man prüft, ob du langfristig durchhältst. Und dann, wenn du das schaffst, bekommst du automatisch ein Angebot oder eine Beförderung.

Schon während eines Praktikums oder in den ersten Tagen im neuen Job sollte sich niemand darauf verlassen, dass ihm alles vorgekaut und auf dem Silbertablett präsentiert wird. Wer überzeugen will, muss seine persönliche Motivation unter Beweis stellen, sich seine Aufgaben selbst suchen und diese dann auch gewissenhaft erledigen.

Eigeninitiative kannst du aber auch anders zeigen:

- Handele selbstständig.
- Triff eigene Entscheidungen.
- Übernimm Verantwortung.
- Melde dich zu Wort (zum Beispiel in Meetings).
- Gib Feedback.
- Bring deine Ideen ein.
- Melde dich freiwillig.
- Übernimm die Organisation.
- Gehe die Extrameile.
- Überrasche andere.

Chefs sehen genau, wer sich vor jeder zusätzlichen Aufgabe drückt, wer nur das macht, was ihm aufgetragen wird – und wer sich auf der anderen Seite freiwillig meldet und bereit ist, auch mal ein bisschen mehr zu tun als andere. Es bringt vielleicht keinen sofortigen Nutzen, doch auf lange Sicht macht sich diese Eigeninitiative bezahlt. Auch dieser beharrliche Einsatz zeichnet eine (künftige) Machkraft aus.

#Merkwürdig

- Wichtig ist, das zu fördern, was schon da ist, um dann noch besser zu werden.

- Machkräftemangel bedeutet, dass wir einen Mangel an Menschen in unseren Firmen und Betrieben haben, die andere in ihre Kraft bringen, die die Stärken von Personen erkennen und fördern und sie damit zu wertvollen Mitarbeitern (Diamanten) machen.

- Machkräfte denken nicht in Problemen, sondern in Lösungen.

- Machkräfte machen andere groß, egal, welche Vorkenntnisse diese haben. Sie gleichen ihre eigenen Schwächen mit den Stärken der anderen aus.

- Leader sind Menschen, die andere in eine Richtung führen und Machkräfte sind ganz klar Menschen, die aus anderen etwas machen. Und wir brauchen BEIDES.

- Das höchste Maß an Selbstdisziplin ist, nicht zu bewerten.

- Eine Machkraft wird noch bessere Teams aufbauen und in die Menschen investieren, da sie erkannt hat, dass ihre Leute ihr Kapital sind.

- Unsere Gedanken beeinflussen unser Handeln.

- Suche immer, das ganze Jahr über, nach Mitarbeitern, denn es kann immer sein, dass sich A-Leute bei dir bewerben.

- Zeig, dass du es mehr willst als alle anderen, ohne dabei Forderungen zu stellen.

- Schaffe Resultate und rede nicht zu viel darüber.

5. Das neue Recruiting

Aus welcher Motivation heraus suchen Menschen nach einer beruflichen Veränderung? Die Gründe dafür sind vielfältig: schlechte Arbeitsatmosphäre, unbefriedigende Bezahlung oder wenig Aussicht auf Weiterentwicklung. Manche Menschen haben auch einfach Lust auf etwas Neues, darauf, sich selbst zu finden. Oft bietet eine Neugründung oder das Mitarbeiten bei einem Start-up die Möglichkeit, mit anderen gemeinsam eine Vision zu entwickeln und diese zu teilen.

Beim Recruiting, wie ich es mir vorstelle – und seit Jahren erfolgreich praktiziere bzw. empfehle –, versetze ich mich gerne in die Rolle des Jobsuchenden, der im besten Fall auch eine zukünftige Machkraft ist. Und, ganz wichtig, ich reflektiere meine Rolle als Machkraft und meine Erwartungen an den Menschen, den ich einstellen möchte. Dass sich das Ganze dann auch in einer neuen, erfrischend anderen Form der Stellenanzeige widerspiegelt, ist der letzte Aspekt in diesem Kapitel.

Wünsch dir was

Wer sich verändern möchte, muss oft erst einmal herausfinden, was ihr oder ihm wichtig ist und was sie oder er von einer neuen Position oder Aufgabe erwartet. Ich möchte aber erst einmal nach den grundsätzlichen Dingen fragen.

Wichtig ist doch, dass wir glücklich sind mit dem, was wir tun, oder? Und das hängt nicht (nur) davon ab, was wir monatlich auf dem Konto haben. Geld ist ja schön und gut, aber wenn du keine Zeit hast, es auszugeben und dir etwas zu gönnen, oder du vor lauter Arbeit krank wirst, hast du auch nichts davon. Denn auch Gesundheit kannst du dir nicht kaufen, genauso wenig wie Freunde, Familie oder mehr Zeit. Glück kann man sich nicht kaufen. Glück ist ein Gefühl. Sicher, ein kurzfristiges Glücksgefühl, ausgelöst zum Beispiel durch schicke Kleidung oder andere Luxusartikel oder durch einen tollen Abend in einem exklusiven Restaurant, lässt sich nur mit Geld erreichen. Doch macht es auch deine Seele und dein Herz glücklich? Ich bin sicher, du kennst die Antwort.

Um herauszufinden, was dich – auch im Job – wirklich glücklich macht, hilft ein bisschen Selbsterforschung. Hast du dir schon einmal folgende Fragen gestellt?

1. Bin ich glücklich mit dem, was ich tue?
2. Ist es das, was ich gut kann?

Falls du diese beiden Fragen mit NEIN beantwortet hast, dann solltest du dir JETZT einen Stift nehmen und folgende Frage beantworten:

3. Wenn Geld keine Rolle spielen würde, was würde ich am liebsten tun, was würde mir wirklich Freude bereiten?

_____

_____

_____

_____

Die Antworten werden dir viel über deinen zukünftigen Traumjob verraten. Und eine sensible Machkraft, die sich intensiv mit ihren aktuellen und zukünftigen Mitarbeitern beschäftigt, wird in der Lage sein, die Einstellungen, Wünsche und Werte dieser Menschen zu sehen.

Alles eine Frage der Einstellung

Ich erinnere mich sehr genau an meinen eigenen steinigen Weg zur reflektierten Machkraft mit einem guten Händchen fürs Personal. Ich war mir lange meiner selbst nicht bewusst. Ich wusste nicht, wie ich es schaffe, ein Team zu halten. Die harte Schule meines Vaters hatte mich geprägt und eines war klar: Aufgeben ist keine Option. Aushalten, durchhalten und immer weitermachen. Puh ... das waren harte Lehrjahre, von denen ich heute noch profitiere.

Und sie haben lange Zeit auch meine Einstellung zu meinem Team bestimmt. Ich habe geglaubt, dass ich alles selber machen muss, dass es keiner besser kann als ich. Und wenn ich es alleine machte, dann ging alles viel schneller. Ich konnte einfach nicht loslassen, konnte nichts delegieren. Geht es dir manchmal auch so?

Irgendwann wurde mir klar, dass das eine Sackgasse war und ich so nicht weiterkam. Mitarbeiter wollen mitentscheiden, sie möchten sich einbringen und ein Teil des Ganzen sein. Ich habe gespürt, dass Mitarbeiter unbedingt einen gewissen Entwicklungsfreiraum brauchen. Sie wollen aus sich heraus agieren und selbst neue Lösungsansätze finden. Geld ist, wie viele Studien zeigen, oft nur eine kurzfristige Motivation. Viel wichtiger ist die intrinsische Motivation.

Viele Mitarbeiter hören auch heute noch »Chef-Sätze« wie: »Nicht denken, machen.« Ich selbst bin noch mit der Vorstellung ins Berufsleben gestartet, dass Mitarbeiter dafür bezahlt werden, ihre Arbeit zu machen, und nicht fürs »Herumstehen und Quatschen«.

Solche Aussagen frustrierten mich und auch das Team. Also habe ich angefangen, abzugeben und einige Dinge zu ändern. In diesem Zusammenhang habe ich mir selbst ein paar Fragen gestellt: Was ist in zehn Jahren? Wer möchte ich dann sein? Wo soll mein Team stehen? Welche Rolle spiele ich dann? Will ich dann immer noch so arbeiten wie bisher? Mit diesem Leidensdruck? Oder schaffe ich ein Leitbild, mit dem wir alle wachsen können?

Hier kommen die beiden Punkte – was wünscht sich der Bewerber und was wünsche ich mir als Führungskraft von mir und mei-

nen Mitarbeitern – zusammen. Viele Menschen wissen ja gar nicht, was in ihnen schlummert und über welch großartiges Potenzial sie verfügen. Manche Leader wiederum erwarten von Mitarbeitern Dinge, die gar nicht zu ihnen passen, weil sie einfach nicht genau hinschauen. Schnell unterstellen sie den Mitarbeitern dann, dass diese zu leistungsschwach sind. Doch ganz ehrlich: Hast du schon mal einen Fisch einen Baum raufklettern sehen?

Manche Aufgaben passen einfach nicht zu einer bestimmten Person. Deine Aufgabe als Leader, als Machkraft ist es, herauszufinden, welche Stärken in jedem Einzelnen schlummern. So entdeckt man oft versteckte Talente. Denn eine Machkraft ist auch immer ein Potenzialentdecker und Talentmanager.

Seit über 15 Jahren stelle ich zu 95 Prozent Quereinsteiger ein. Ich bin davon überzeugt, dass jede und jeder alles lernen kann, wenn sie oder er wirklich will und der Vorgesetzte dazu bereit ist, selber auszubilden und seine Mitarbeiter individuell zu fördern.

Ganz konkret: Wie ködert man die guten A-Leute?

Als ich angefangen habe, mich selbst zu reflektieren, und mir die Frage gestellt habe, was für Ansprüche Bewerber an eine Job-Annonce stellen und was sie brauchen, damit sie sich wohlfühlen, kam ich in Sachen Recruiting einen Riesenschritt voran.

Was ich damit meine? Nun, das Internet ist voll mit Stellenanzeigen, die alle ähnlich getextet und aufgebaut sind, zum Beispiel so:

Wir suchen:

Verkäufer für Kasse und Bistro (m/w/d)

Sie sind unser Pulsschlag und unser Gesicht »nach draußen«. Sie repräsentieren die Marke X jeden Tag für unsere Kunden, die wir gern als Gäste begrüßen wollen. Mit Ihrer Freundlichkeit und der Freude an Kommunikation stellen Sie sich den Anforderungen, die ein moderner Einzelhandel heute mit sich bringt.

Hier verkaufen Sie unsere Qualität, beraten die Kunden. Sie bieten hochwertige und frische Produkte an und helfen unseren Kunden, sich gesund zu ernähren. Darüber hinaus liegen Ihnen eine gepflegte und einladende Warenpräsentation und ein ansprechendes Arbeitsumfeld am Herzen. Für kommunikationsfreudige und freundliche Menschen, die Abwechslung im Alltag mögen, sind wir genau die Richtigen!

Ihre Aufgaben:
- Sie verkaufen unsere Shopwaren und Angebote durch aktive Verkaufsgespräche.
- Dabei werden Sie von moderner Technik unterstützt.
- Sie nehmen Waren & Lebensmittel bei Lieferung an, kontrollieren sie und lagern sie ein.
- Sie halten Ihren Arbeitsplatz in optisch einwandfreiem und sauberem Zustand.
- Sie fühlen Verantwortung für die Pflege, die Präsentation und das Auffüllen von Artikeln im Verkaufsraum sowie von Lebensmitteln im Bistro.
- Sie sind mitverantwortlich für den Gesamtauftritt des Shops und des Bistros.

- Sie gehen gern mit Menschen um.
- Sie bringen Verantwortungsbewusstsein mit und sind zuverlässig.
- Sie sind zeitlich flexibel und scheuen weder Schicht- noch Wochenendarbeit.
- Sie bringen soziale Kompetenz mit und haben Freude am Arbeiten im Team.

Wir bieten:
- Zuschläge für die Arbeit an Sonn- und Feiertagen
- Zuschläge für Nachtschichten
- umfangreiche Schulungsmöglichkeiten
- regelmäßige Weiterbildungen

Haben wir Ihr Interesse für diese abwechslungsreiche Stelle geweckt?

Oder:

Wir suchen mal wieder Verstärkung für unser Office in Berlin.
Wenn Du aus dem kaufmännischen Bereich kommst und einen Vollzeitjob in Berlin suchst, wenn Du Spaß und Talent für Büroalltag, Reiseplanungen, Kommunikation mit Kunden und Partnern hast, dann lass uns reden!

Was fällt dir spontan zu diesen Anzeigen ein?

- Sie sprechen den Bewerber nicht an – catchen nicht = laaaangweilig!
- Es geht nur um das Unternehmen und die mit dem Job verbundenen Aufgaben, nicht um den Bewerber.
- Der Bewerber fragt sich: Was habe ich davon, dort zu arbeiten?

Auch für Stellenanzeigen mit Eyecatcher-Wirkung gilt ein Leitsatz von Nico Gundlach: »Sei MERKWÜRDIG und ANDERS ALS DIE ANDEREN!« Deine eigene Idealausschreibung könnte sich an diesen von ihm entwickelten Fragen orientieren:

PITCH YOUR BRAND

Die 5-W-Formel
Wer bist du?
Was ist dein Business?
Wie machst du es?
Was haben andere davon, bei dir zu arbeiten?
Was ist dein WOW? Was hebt dich von den anderen ab?

Das könnte dann zu einer Annonce wie dieser führen:

Wir stellen den Menschen und die Natur in den Mittelpunkt.

Unser Motto lautet: »Der Mensch ist, was er isst.«

Das Restaurant XY wird am (Datum) in (Ort) eröffnet. Es wird lässig und zugleich hochwertig mit hohen Service-Standards sein. Das Restaurant hat innen ca. 60 Sitzplätze und ca. 80 auf der Terrasse.

Wir verfolgen einen einfachen Weg, regionale & saisonale Produkte in einem herzlichen, warmen Umfeld auf den Teller zu bringen. Uns leitet die Liebe zum Menschen und zur Natur.

Wir wissen ganz genau, warum wir etwas essen, und tragen dies auch als persönliches Statement nach außen. Als soziales Wesen sucht der Mensch nach Gleichgesinnten, die ähnliche Werte rund um das Thema Food vertreten. Essen bringt nun mal Menschen zusammen.

Wir suchen MENSCHEN, die in erster Linie GERNE in der Gastronomie arbeiten und bei denen man die Leidenschaft für die Arbeit und das Essen spürt. Liebst du das, was du tust, regelt sich das Finanzielle von allein, sodass beide Seiten zufrieden sind. Die Gastronomie ist kein Hexenwerk. Es gibt nichts, was DU nicht lernen kannst.

Wir suchen Raketen ab (Datum) für folgende Stellen:

- Küchenhilfe
- Koch / Köchin
- Servicekraft / Kellner /-in
- Sommelier / Sommelière mit Spezialisierung auf deutsche Weine
- Allrounder: Bar / Küche / Service

Wenn:

- die Gastronomie deine Leidenschaft ist, du stets als Vorbild vorangehst und lebst, was du liebst,
- du gerne im Team arbeitest,
- du Wert auf gutes Essen legst und dich mit Ernährung auskennst,
- du ALLES sehr GERNE machst,
- du immer den Überblick bewahrst und stressresistent bist,
- du ein freundliches Wesen hast (der Ton macht die Musik!),
- du gerne abends und am Wochenende arbeitest *(Öffnungszeiten Winter 18 – 24 Uhr, Sommer 14 – 24 Uhr),*
- du nicht DEIN System durchsetzen möchtest, sondern anfangs bereit bist, alles so zu lernen, wie es das Konzept vorgibt (dann kannst du später gerne deine Ideen einbringen),
- du motiviert bist, dich auch persönlich weiterzuentwickeln, und
- du IMMER zuverlässig und pünktlich bist (einer für alle und alle für einen!).

Dann hast du schon gewonnen, denn:

- du bekommst einen unbefristeten Vertrag,
- dich erwartet eine harmonische Arbeitsatmosphäre, in der alle einander helfen und Spaß haben,
- du arbeitest vier von sechs geöffneten Tagen die Woche *(Dienstag Ruhetag / geschlossen.),*
- du bekommst jeden Monat IMMER PÜNKTLICH zum 1. dein Gehalt,
- du bekommst jeden Tag um 17 Uhr ein Teamessen,
- du wirst angemessen entlohnt (finanziell werden wir uns einigen),
- du bekommst 25 Tage Urlaub FIX, den wir gemeinsam ein Jahr im Voraus planen,
- wir gehen auf deine Wünsche ein (all das planen wir gemeinsam im Team).

Möchtest DU ein Teil des Teams werden?

Original-Feedbacks zu dieser Annonce:

»Top-Stellenanzeige, das hört sich sehr gut an. Erlebt man heute leider selten.«

»Ihre Stellenanzeige lädt dazu ein, bis zum Ende zu lesen. Ich habe mich sofort angesprochen gefühlt. Solch eine menschliche und aus dem Herzen geschriebene Anzeige habe ich noch nie gesehen.«

»Von dieser Anzeige können sich einige Betriebe eine Scheibe abschneiden. Endlich mal jemand, der schreibt, was man bekommt, und nicht nur, was man mitbringen soll und was die Voraussetzungen wären. Ich bin schon beim Lesen begeistert und würde mich über ein persönliches Gespräch freuen.«

Merkwürdig

- Geld ist oft nur eine kurzfristige Motivation: Viel wichtiger ist die intrinsische Motivation.
- Glück kann man sich nicht kaufen. Glück ist ein Gefühl.
- Deine Aufgabe als Machkraft ist es, herauszufinden, welche Stärken in jedem Einzelnen schlummern. So entdeckt man oft versteckte Talente. Denn eine Machkraft ist auch immer ein Potenzialentdecker und Talentmanager.
- Sei MERKWÜRDIG und ANDERS ALS DIE ANDEREN!

6. Raus aus der Bewertungs- schublade

Oft läuft der Bewerbungsprozess bzw. die Personalauswahl immer noch so ab: Wir bewerten Menschen anhand eines Anschreibens, eines Fotos oder Lebenslaufes, wir beurteilen sie nach ihrem Kleidungsstil und ihrem »Auftritt« im Vorstellungsgespräch, das meist nur eine halbe Stunde dauert. Und auf dieser aus meiner Sicht recht dünnen Grundlage treffen wir Entscheidungen. Doch genau das ist häufig der Fehler.

Warum tun wir es dann? Einfach weil wir so sozialisiert wurden – und das schon in der Kindheit. In der Schule werden wir von Anfang an bewertet, und meist liegt der Fokus auf dem, was schlecht ist, bzw. auf unseren »Fehlern« – statt uns auf das zu konzentrieren, was gut ist (Stichwort: Stärken stärken). Auch unser Verhalten wird ständig unter die Lupe genommen. Für alles gibt es Noten. Und später geht es immer weiter mit diversen Bewertungssystemen.

Das hat Vor- und Nachteile. Für mich überwiegen klar die Nachteile. Dieses System hat mein Selbstwertgefühl und Selbstbewusstsein lange massiv beeinträchtigt. Bei vielem, was ich heute ohne Probleme mache, habe ich früher gedacht: »Das kann ich nicht, ich bin schlecht darin, nicht gut genug.« Ich war jahrelang davon überzeugt, dass ich bestimmte Dinge nicht kann, zum Beispiel gut schreiben oder vor Menschen sprechen. Und das nur, weil ich schlechte Noten in Deutsch hatte und mich schwertat, vor anderen Referate zu halten oder zu präsentieren. Und heute stehe ich auf Bühnen, leite Seminare und schreibe dieses Buch hier Wort für Wort selbst!

Meine These: Dieses Bewertungssystem ist ein Grund dafür, weshalb es heutzutage viel zu wenige Machkräfte gibt. Denn die Rohdiamanten unter den Bewerbern erkennt man nun mal nicht anhand eines Papierstücks.

Hast du auch schon einmal einen Menschen unterschätzt? Viele sagen, dass nur der erste Eindruck zählt, gemeint sind die ersten drei Sekunden. Dabei kann dieser erste Eindruck oft täuschen. Jeder von uns trägt seine Vergangenheit mit sich, mit all den positiven wie negativen Erlebnissen – das sprichwörtliche Päckchen, das ein Teil von uns ist und das wir nicht einfach löschen können. All das bringen wir mit, und welchen ersten Eindruck wir bei unserem Gegenüber hinterlassen, hängt zudem stark von unserer Tagesform ab.

Es ist auch sehr schwer, das bisherige (berufliche) Leben auf ein DIN-A4-Blatt zu packen. Es gibt Lücken im Lebenslauf, zu denen wir uns nicht äußern wollen, weil wir befürchten, einen schlechten Eindruck zu hinterlassen – eine abgebrochene Ausbildung, ein nicht abgeschlossenes Studium, eine Zeit der Orientierung, in der man so dies und das gemacht hat …

Ich selbst habe bei Recruiting-Prozessen bewusst aufgehört zu bewerten und lasse mich nicht vom ersten Eindruck täuschen. Um so weit zu kommen, musste ich einen längeren Lernprozess durchmachen, der mich zu einer wichtigen Erkenntnis geleitet hat: Bewertungen sind oft alles andere als hilfreich, oftmals blockieren sie uns sogar.

Das fängt schon bei der Durchsicht der Bewerbungsunterlagen an. Worauf schauen wir als Erstes? Gibt es ein Foto? Sympathisch oder unsympathisch? Wie ist das Anschreiben formuliert? Gibt es Rechtschreibfehler? Wie sieht der Lebenslauf aus? War der Bewerber länger als ein halbes Jahr bei seinem letzten Unternehmen? Und beim vorletzten? Gibt es Lücken im Lebenslauf? Und schon geht sie auf, die Bewertungsschublade.

Wenn die Unterlagen nicht komplett unsere Erwartungen erfüllen (»wie man es eben so macht«), sieben wir die Bewerbung schnell aus. Der erste Eindruck zählt … Das dauert manchmal nicht mal zwei Sekunden, in denen wir im Kopf schon anfangen zu filtern. Das Fatale: Wir bewerten jemanden, den wir noch niemals gesprochen, geschweige denn gesehen haben.

Auch ich ärgere mich heute manchmal noch, wenn mir jemand einen unvollständigen Lebenslauf schickt. Doch ich habe mir für solche Fälle eine Art Anker gesetzt, der mir hilft, die Bewertungsschublade schnell wieder zu schließen. Ich erinnere mich dann bewusst an eine charakteristische Einstellungssituation, die schon einige Jahre zurückliegt – ein magischer Moment, der alles verändert hat, ein GAME CHANGER. Ich hatte damals einfach niemanden gefunden, der all meine Erwartungen erfüllen konnte, und ließ aus der Not heraus einige Bewerberinnen und Bewerber probearbeiten, denen ich sonst abgesagt hätte. Innerlich habe ich mir gesagt: »Okay, mich interessieren die Noten nicht und auch nicht die abgebrochene Schule, auch die Referenzen nicht. Ich will einfach sehen, dass du es mehr willst als alle anderen. Zeig mir Resultate bei der Arbeit. Zeig, was du gut kannst.« Und das war das Beste, was ich machen konnte. Meine veränderte und viel offenere Einstellung eröffnete mir ganz neue Möglichkeiten bei der Mitarbeitersuche.

2017 hatte ich in puncto »keine Bewertungen« ein Schlüsselerlebnis, das ich gerne mit dir teilen möchte. Es ging damals um eine Bewerbung für einen Job im Unternehmen meines Vaters. Er suchte eine patente Küchenhilfe. Die Unterlagen der Bewerberin kamen ganz ordentlich per Post, in einer Bewerbungsmappe, vorne mit Lichtbild vom Fotografen, selber aufgeklebt, alles wirklich so, wie man es sich vorstellt. Ich schaute zuerst auf das Foto, blätterte weiter zum Lebenslauf, Geburtsdatum, vorherige Stationen und schon fing ich an zu bewerten. Die erste Schublade ging in meinem Kopf auf und sofort wurden die Unterlagen auf den Stapel »Warmhalten« gelegt.

Später fiel mir diese Bewerbung wieder in die Hände und ich dachte mir: »Hey Jessica, was ist denn los mit dir? Du schaust die Bewerbung nicht mal näher an und fängst sofort an zu bewerten und zu filtern? Finde den Fehler.«

Also griff ich zum Hörer und rief die Bewerberin an. Sie war sehr nett und hat sich riesig gefreut. Direkt am nächsten Tag hatten wir das persönliche Vorstellungsgespräch, das ganz gut lief, so, wie es sein sollte. Ich war ganz überrascht. Klar dachte ich zwischendurch mal: »Zu alt, zu unerfahren, passt nicht rein.« Aber ich nahm mir die Zeit und hörte der Bewerberin genau zu. Sie war so aufgeregt, dass sie zitterte, dabei war sie 20 Jahre älter als ich. Ich fragte sie, weshalb sie so aufgeregt war.

Sie antwortete: »Ich freu mich so, dass Sie mich eingeladen haben! Vorher habe ich nur Absagen bekommen: zu alt, zu unerfahren.« Als ich nach den Lücken im Lebenslauf fragte, sagte sie: »Ich musste mich um meine kranke Mutter und meinen behinderten Sohn kümmern. Meine Mutter ist mittlerweile verstorben und für meinen Sohn konnte ich mir von dem geerbten Geld einen Pflegedienst leisten, sodass ich jetzt wieder arbeiten kann.«

Als ich sie fragte, wann sie denn probearbeiten könnte, ist sie mir vor Freude fast um den Hals gefallen – einfach weil ich ihr überhaupt diese Chance gab. Ich sagte, dass für mich nur die Resultate zählten, und habe ihr erklärt, was uns wichtig ist. Wie sie das mache, also der Weg dorthin, spiele keine Rolle. Wir würden ihr gerne auch die Abkürzungen zeigen.

Als sie dann bei uns anfing, traute ich meinen Augen kaum. Sie war eine Granate! Als würde sie schon ewig bei uns arbeiten. Sie hat direkt mit angepackt und einfach gemacht.

Hast du solchen Menschen schon einmal die Chance gegeben, sich zu beweisen? Oft entwickeln sich gerade diese Bewerber zu den dankbarsten und fleißigsten Mitarbeitern, die man sich wünschen kann. Und meine Neueinstellung? Diese tolle Frau – ohne Vorkenntnisse, ohne jegliche Erfahrung in der Küche – ist nun schon über drei Jahre in dem Unternehmen und wir möchten sie nicht mehr missen.

Meine Empfehlung für Führungskräfte und Leader lautet ganz klar: Raus aus der Bewertungsschublade und das »Personalproblem« kann viel schneller und leichter gelöst werden. Und wenn es richtig gut läuft, wächst die Zahl der Machkräfte weiter.

#Merkwürdig

- Rohdiamanten unter den Bewerbern erkennt man nun mal nicht anhand eines Papierstücks.
- Jeder hat sein Päckchen zu tragen, du weißt nie, was die Person bereits erlebt hat.
- Bewertungen sind oft alles andere als hilfreich, häufig blockieren sie uns sogar.
- Also geh raus aus der Bewertungsschublade.
- GAME CHANGER – Gib jedem eine Chance.

7. Erfolgsfaktor Menschlichkeit

> »Wir brauchen Anführer,
> die nicht in Geld verliebt sind,
> sondern in Gerechtigkeit.
> Nicht in Ruhm verliebt sind,
> sondern in Menschlichkeit.«
>
> Martin Luther King

Eigentlich sollte das selbstverständlich sein, doch ich glaube, dass wir uns immer wieder etwas bewusst machen sollten: Die Zukunft liegt im Faktor Mensch. Menschen brauchen Menschen, um (gut) zu leben. Und Menschlichkeit, der wertschätzende Umgang miteinander, ist gerade in Zeiten von Corona, Lockdown und Ungewissheit wichtiger denn je. Ich war lange Zeit genauso getrieben von den äußeren Umständen, bin auf der Schnellstraße von einem Kunden zum nächsten gehetzt und hatte viel zu wenig Zeit für die Dinge, die mir eigentlich wichtig sind: die Familie, die Freunde, ich selber und die Natur.

Gemeinsam aus der Krise

Nicht nur in Krisenzeiten geht es oft ums Geld, aber dann umso mehr. Angst und Ungewissheit machen sich breit und die Frage: Wie geht es weiter? Dieses Gefühl ist überall zu spüren. Wichtig ist an dieser Stelle, dass du deine Ängste und Sorgen mit deinem Team teilst und alles transparent hältst. Viele Führungskräfte halten diese Offenheit für falsch, sie glauben, dass das die Mitarbeiter noch mehr verunsichert. Doch das ist der falsche Weg.

Zeige deinen Mitarbeitern, dass sie keine Angst haben müssen. Und warum? Weil du einen Plan B hast und dazu brauchst du ihre Unterstützung. Damit gibst du ihnen das Gefühl, dass du für sie da bist und sie stärkst – und sie für dich genauso wichtig sind. Konzentriert euch gemeinsam auf eure Stärken und darauf, was ihr in Zukunft noch besser machen könnt als wie bisher nur »gut«. Kümmere dich um deine Mitarbeiter und sorge dafür, dass es ihnen gut geht.

Menschen sind wie Pflanzen

Gießt du eine Pflanze nur selten, lässt sie ihre Blüten und Blätter hängen, wenn du sie zu viel gießt, tut ihr das auch nicht gut. Dann trägt sie sich zwar noch mit letzter Kraft durch das Leben, aber hat keinen Platz mehr zum Atmen, da sie vom Wasser erdrückt wird.

Wenn du dich nicht täglich um sie kümmerst und nicht mit viel LIEBE dabei bist, geht sie früher oder später ein. Was das mit deinen Mitarbeitern zu tun hat? Wie Pflanzen brauchen auch sie täglich Aufmerksamkeit und Liebe. Sie brauchen Licht und Wärme, jemanden, der sich um sie kümmert, damit sie nachhaltig wachsen können.

Leadership hat viel mit Verantwortung zu tun. Das heißt zum einen, sich um andere zu kümmern, und zum anderen, Antworten geben zu können. Antworten auf die Fragen deines Teams. Sprich das aus, was manche denken. Jetzt zeigt sich, ob ihr wirklich ein Team seid oder ob jede und jeder nur für sich den eigenen Job macht. Wer geht die Extrameile? Wer will sich weiterbilden? Was braucht ein Team, um zu wachsen?

Stell den Menschen in den Mittelpunkt. Denn die Menschen, die bei dir arbeiten, machen den Erfolg deines Unternehmens aus. Sie sind dein Kapital. Reflektiere dich täglich selbst und entwickle das Bewusstsein für jeden einzelnen Menschen in deinem Umfeld. Wenn du dich wirklich gut um dein Team kümmerst, bleibt es dir lange erhalten.

Sieh den Menschen. Schau ihm tief in die Augen. Frage jeden ehrlich, wie es ihm geht, und nicht nur, weil es eine Höflichkeitsfloskel ist und du innerlich hoffst, dass derjenige nicht gleich ausholt und dir ein Ohr abkaut. Viele trauen sich nicht, zu sagen, wie es ihnen wirklich geht. Doch je sensibler du wirst, desto eher siehst du in den Augen deiner Mitarbeiter, ob etwas nicht stimmt.

Gefühle zeigen? Ganz in Ordnung!

Wir sind alle nur Menschen und Gefühle sind menschlich. Wir dürfen wieder lernen, mehr Gefühle zuzulassen. Und anfangen müssen wir da ganz klar bei uns selbst. Ganz ehrlich: Wie oft reflektierst du dich selber? Überlegst du nach einem erfolgreichen Tag, an dem du zu Recht gut drauf warst, wie du dich verhalten und gewirkt hast? Zum Beispiel: lustig, strahlend, freudig, gut gelaunt, hüpfend, singend, übermütig, humorvoll, motiviert ...

Eher nicht, oder? Viele denken, es ist unangebracht, seine Freude so offen zu teilen, sie befürchten, womöglich nicht mehr respektiert zu werden. Also bleiben sie ernst. Kennst du das von dir auch?

Wir denken meistens nur über uns nach, wenn wir nicht gut drauf sind, wenn es im Job schlecht läuft, und fangen an zu zweifeln. Plötzlich haben wir negative Gedanken, wir denken, wir sind nicht gut genug, wir sind der Führungsrolle nicht gewachsen, und dann sind wir ungerecht zu anderen: zickig, wütend, unfair, launisch, in uns gekehrt, laut, aggressiv ...

Im ersten Fall (fröhlich, gut gelaunt) befinden wir uns im sogenannten High-Modus, im zweiten Fall (trübe Stimmung, schlecht gelaunt) im Low-Modus.

Wahrscheinlich reflektierst du gemeinsam mit deinem Team eher selten (oder gar nicht), was geschieht und was euch bewegt, und ihr tauscht euch auch nicht miteinander in einem Gespräch über solche Tage aus. Das solltet ihr aber. Es ist so eine wertvolle Übung, die dir zeigt, dass viele gleich ticken. Es ist gut, Gefühle und Schwächen zu zeigen. So können deine Teammitglieder besser einordnen, warum du vielleicht gerade so bist, und nehmen es nicht persönlich.

In meinen Trainings ist das immer wieder eine wertvolle und emotionale Übung für die Teilnehmer, weil sie merken: Es geht nicht nur ihnen so und es ist okay, diese Gefühle zu haben. Sie verstehen, dass viele in unterschiedlichen Situationen auch unterschiedlich reagieren, und sie lernen, wie wichtig es ist, mit anderen darüber zu sprechen und zu erfahren, wie die oder der andere denkt und fühlt. Denn es gibt immer mehrere Wahrheiten. Für uns zählt aber oft nur unser eigenes Kopfkino, was dazu führt, dass wir falsch handeln oder falsch verstanden werden.

Eine kleine Übung für dich

Mach dir Notizen. Wie bist du, wenn du dich am Morgen zu Hause mit deinem Partner gestritten hast oder wenn dich schon auf dem Weg zur Arbeit ein anderer Autofahrer aufregt oder wenn du eine fette Rechnung bekommen hast und nicht weißt, wie du sie bezahlen sollst? Wie wirkst du auf andere, wenn du in deinem Low-Modus bist?

_____

_____

_____

_____

Und nun das Gegenteil: Wie bist du, wenn es dir richtig gut geht? Wenn du schon mit einem Lächeln zur Arbeit fährst und mit guter Laune den Betrieb betrittst. Wie wirkst du auf andere, wenn du in deinem High-Modus bist?

_____

_____

_____

_____

Wichtig ist bei dieser Übung, immer mit dem negativen Gefühl anzufangen und mit dem positiven Gefühl aufzuhören, damit du mit dem positiven Gefühl und einem Lächeln im Gesicht schlafen gehst. Schreibe 21 Tage lang jeden Abend auf, wie du an diesen Tagen in deinem Low-Modus und / oder in deinem High-Modus warst und wie du dann auf andere gewirkt hast.

Diese Übung hat bei mir Wunder bewirkt, denn dadurch wurde ich viel reflektierter und hatte meine Emotionen im Alltag mehr unter Kontrolle. Ich habe die Übung übrigens nicht erfunden. Ich kenne sie in anderer Form aus der Masterclass von Tobias Beck. Heute übertrage ich sie auf die FÜHRUNG im Alltag, da sie im Erfolgsfall dazu führt, DICH und die Menschen um dich herum wieder bewusster wahrzunehmen.

Merkwürdig

- Teile in herausfordernden Zeiten deine Ängste und Sorgen mit deinem Team und bleibe transparent. Zeige deinen Mitarbeitern, dass sie keine Angst haben müssen.
- Kümmere dich um deine Mitarbeiter und sorge dafür, dass es ihnen gut geht.
- Wie Pflanzen brauchen auch Menschen täglich Aufmerksamkeit und Liebe. Sie brauchen Licht und Wärme, jemanden, der sich um sie kümmert, damit sie nachhaltig wachsen können.
- Leadership hat viel mit Verantwortung zu tun. Das heißt zum einen, sich um andere zu kümmern, und zum anderen, Antworten geben zu können.
- Deine Mitarbeiter sind dein Kapital.
- Sprich mit anderen Kollegen und deinen Mitarbeitern über deine Gedanken und Gefühle, damit dein Gegenüber weiß, wie du tickst, denn es gibt immer zwei Wahrheiten.

8. Der MindsetLoop

»Es ist besser, ein einziges kleines Licht anzuzünden,
als die Dunkelheit zu verfluchen.«

Konfuzius

Der MindsetLoop ist ein Energiekreislauf, den du dir zu eigen machen kannst und der niemals zum Stillstand kommt. Es geht dabei im Wesentlichen darum, zu einer positiven Haltung zu finden. Ich bin mir ganz sicher: Positiv und optimistisch zu sein, ist Einstellungssache, und das kann man lernen. Mal ehrlich, wäre es nicht viel schöner, wenn wir alle positiver durch die Welt gehen würden? Mit viel mehr Spaß und Freude? Nicht so viel aufregen, weniger jammern und damit aufhören, in allem nur das Komplizierte und Problematische zu sehen? Endlich nicht mehr mit runtergezogenen Mundwinkeln durch die Welt marschieren – das wäre doch was, oder?

Wir lassen uns viel zu oft von den schönen Dingen des Lebens ablenken und verlieren so unseren positiven Fokus. Wir zweifeln an uns und an anderen und stehen vielem skeptisch gegenüber. Dadurch geraten wir manchmal in eine negative Spirale, die ich als »offene Loops« bezeichne. Wir sind dann nicht mehr in der Lage, den MENSCHEN zu sehen und dafür zu sorgen, dass es allen gut geht (Stichwort Menschlichkeit). Das ist oft die Folge einer unglücklichen Aneinanderreihung von negativen Situationen, die uns beeinflussen. Das ist ansteckend und wirkt sich, ausgehend von uns, über das Team bis hin zum Kunden negativ aus.

Ein mieser Tag

Stell dir vor, du fährst nach einem frühen Geschäftstermin ein bisschen später ins Büro. Auf dem Weg hast du fast einen Crash mit einem Fahrradfahrer, der dir auch noch einen Vogel zeigt, obwohl du rein gar nichts dafür konntest. Du regst dich maßlos über diese Situation, über den verwirrten Radfahrer auf und schimpfst und fluchst vor dich hin.

Weiter geht's. Du schüttest im Auto den Kaffee, den du dir noch schnell beim Bäcker geholt hast, über deine neue Hose und dann stehst du zu allem Übel auch noch ewig im Stau. Dann schnappt dir jemand deinen Lieblingsparkplatz am Eingang vor der Nase weg und du darfst deine schweren Taschen gefühlt kilometerweit ins Büro tragen. Deine Laune sinkt weiter. Dann betrittst du das Büro und siehst nur, wie eine Mitarbeiterin mit ihrem Handy spielt, ihr Kollege packt gemütlich sein Frühstück aus und ein anderer kommt gerade vom Rauchen.

Dein Blick schweift weiter durch den Raum. Benutzte Kaffeetassen auf dem Konferenztisch und weiterer Müll geben dir und deiner unterirdischen Laune den Rest. Du rastest aus und das bekommt dein Team volle Breitseite ab: »Kann ich euch nicht mal zwei Stunden alleine lassen? Wie sieht's denn hier aus? Arbeitet ihr auch oder macht ihr nur Pause?« Ein Mitarbeiter will etwas erwidern. »Ich will es nicht hören. Hilf mir lieber, meine Sachen zu meinem Tisch zu tragen.« Die anderen schauen sich fragend an: »Was hat die denn jetzt für ein Problem? Kommt hier rein, begrüßt uns nicht einmal und rastet völlig aus! Aber dass wir gerade den Kundenauftrag des Jahres abgeschlossen haben, interessiert sie nicht?«

So oder ähnlich reagieren wir oft auf Situationen – ohne nur eine Sekunde lang zu überlegen, was der Grund dafür sein könnte, dass es wie im Beispiel oben gerade so chaotisch ausschaut oder dass die Mitarbeiter gerade jetzt ihre Pause nehmen. Chefs haben ja generell ein Talent dafür, genau dann in den Raum zu kommen, wenn die Mitarbeiter gerade mal nichts tun, oder?

Das ist mir früher auch oft passiert. Mir fiel es dann schwer, nett zu sein, und ich war sofort in der Bewertungsschublade. Mit dem Ergebnis, dass letzten Endes alle genervt oder gereizt waren. Oft zog sich diese schlechte Stimmung durch den ganzen Tag. Ich hatte das Team mit meiner negativen Energie angesteckt und das war's dann.

Oft machen wir uns das Leben unnötig schwer und ziehen uns und andere gleich mit runter. Und plötzlich hängen alle in einer Mecker-Dauerschleife. Doch wozu das alles? Macht ja gar keinen Sinn, oder?

Doch was können wir tun, damit wir von dieser Negativspirale in eine Positivspirale gelangen?

Eine Gegenstrategie finden

Drei Schritte erlösen dich (und die anderen) aus diesem Dilemma.

Erstens

Reflektiere dich selbst am Ende des Tages. Führe dir noch einmal genau die Situation vor Augen, in der du heftig reagiert hast. Wie hast du in dem Moment gewirkt, auf das Team oder andere Menschen im Umfeld? Was hast du gesagt? Gibt es etwas, das du lieber nicht ausgesprochen hättest? Wie oft habe ich das selber schon erlebt. Das ist menschlich, aber vermeidbar. Geh dagegen vor, löse diese negative Spirale auf und mach dir klar, wie du eigentlich sein möchtest.

Zweitens

Wenn sich das nächste Mal wieder eine negative Situation an die nächste reiht, tritt innerlich einen Schritt zurück. ATME tief ein und aus und lächele. Reagiere niemals aus einer Emotion heraus. Um wirklich runterzukommen, musst du die Kombi »einatmen / ausatmen / lächeln« vielleicht ein- bis zweimal wiederholen. Erst dann betrittst du das Büro bzw. wendest dich an dein Team. LÄCHELE und sage dir innerlich: »Ich freue mich auf mein Team.« Das ist eine komplett andere Haltung. Nun wird garantiert das Gegenteil dessen passieren, was wir beim Anblaffen oben gesehen haben. Dein Team wird zurücklächeln und dir vielleicht sogar etwas Nettes sagen.

Oder du selbst sagst dem Team etwas Nettes und machst ihm zum Beispiel ein Kompliment. Du wirst sehen, das wirkt Wunder. Sicher, du kannst manchmal die Umstände nicht ändern. Doch was du daraus machst, liegt in deinen Händen.

Drittens

Setze bewusst Anker, die dir dabei helfen, schnell wieder gute Laune zu bekommen. Mir hilft da zum Beispiel Musik. Höre deine Lieblingssongs, mit denen du schöne Erlebnisse verbindest, auf dem Weg zur Arbeit oder auch mal während der Arbeitszeit, wenn du merkst, dass die Stimmung kippt. Ein kurzer Spaziergang oder zehn Minuten in der Sonne helfen auch sehr gut. Wenn du meditieren kannst, mach das. Hilft garantiert. Ein weiterer Anker: ein Foto, das dich schmunzeln lässt.

Wichtig an dieser Stelle: Vereinbare mit deinen Mitarbeitern, dass auch sie bei dir Anker setzen können, um dich wieder ins Gleichgewicht zu bringen (und umgekehrt). Die Voraussetzung dafür ist ein konsequenter Teamkodex, hinter dem alle stehen.

Talk positive!

Wir beschäftigen uns viel zu sehr mit negativen Themen und verwenden auch viele negative Wörter und Formulierungen in unserer Kommunikation. Wir denken häufig »Ich bin nicht gut genug«, anstatt zu denken: »Wir sind super, wir sind erfolgreich, wir haben ein tolles Team und wir wollen noch besser werden.« Wir sind Weltmeister im Nörgeln, statt Weltmeister im Loben zu sein.

Um das zu ändern, solltest du versuchen, deine Sätze zukünftig bewusst positiv zu formulieren. Programmiere dich auf Positivität!

Ein paar Anregungen dazu:

Es regnet schon wieder.	Wie gut, dass es regnet! Das ist gut für die Pflanzen und ich brauche nicht zu gießen.
Die Gäste meckern dauernd.	Wir haben sehr anspruchsvolle Gäste.

Das hast du falsch gemacht.	Das ist schon ganz gut, aber man kann es auch noch anders machen. Schau mal, so …
So ein Mist. Mach es doch selber.	Sehr gerne.
Ich mache alles falsch.	Ich bekomme regelmäßig Feedback, damit ich wachsen und mich verbessern kann.
Wir haben ein Problem.	Es gibt eine Herausforderung.
Du bist dafür nicht geeignet.	Deine Stärken liegen ganz klar woanders.
Wie schaffe ich es, dass mein Chef Veränderungen zulässt?	Wie schaffe ich es, unseren Chef von mehr Erfolg zu überzeugen?
Wie schaffe ich es, dass mein Team genauso denkt wie ich? Und auch mitdenkt?	Wie erreiche ich gemeinsam mit meinem Team gute Resultate?
Das Glas ist halb leer.	Das Glas ist halb voll.

Versuche immer, eine positive und wertschätzende Sprache zu verwenden, ohne jegliche Bewertung. Und sieh immer das Positive im Menschen. Denk dir einfach: Jeder kann mindestens eine Sache gut.

Es geht im Endeffekt immer um unser aller Motivation und um die Frage, worauf wir unsere Energie verwenden wollen: auf das Positive oder auf das Negative? Leider verharren wir immer noch viel zu häufig in einer Negativspirale. Doch wenn du dich nicht änderst, ändert sich gar nichts.

Ein neuer Ansatz: der MindsetLoop

Fragst du dich manchmal, warum die Kommunikation in deinem Team nicht funktioniert? Warum manche Mitarbeiter jedes Wort auf die Goldwaage legen? Warum das Team nicht hundertprozentig zusammenhält und sich nicht gegenseitig unterstützt? Tja, wenn alle – und vor allem du – immer nur jammern und sich ausschließlich auf das Negative konzentrieren, verliert man eben irgendwann die Lust. Die Mitarbeiter sind dann nicht mehr in der Lage, genügend Energie aufzubringen und das ganze Team in eine positive Richtung zu lenken. Und so überträgt sich wie beim Domino Day diese negative Energie nach und nach auf alle, ohne dass du noch irgendetwas dagegen tun kannst.

Wenn dann vielleicht noch ein paar Warnsignale in Form von Frustration, hohem Krankenstand, vielen Fehlern und schlechten Bewertungen durch Kunden / Gäste dazukommen, ist die Stimmung endgültig im Eimer.

Aus dieser Problematik, die wir sicherlich alle kennen, ist der von mir entwickelte MindsetLoop entstanden. Anlass war unter anderem die Auseinandersetzung mit einem Glaubenssatz, den ich noch nie verstanden habe: Der Kunde (oder Gast) ist König. Ich kann nur sagen: In meiner Welt ist KEINER König! Auch ich nicht. Es hat keiner das Recht, sich auf Kosten anderer schlecht zu benehmen. Ich hatte keine Lust mehr, mich von anderen runterziehen zu lassen. Ich habe mich dafür entschieden, jeden Tag Spaß und Freude zu haben, denn damit geht es mir deutlich besser.

Dafür muss ich bei mir anfangen. Denn was ich ausstrahle, kommt auch wieder zurück. Das ist der Loop. (Er kann natürlich auch negativ funktionieren. Daher habe ich ihn umgedeutet, damit er positiv funktioniert.) Diesen Loop kann sich jeder aneignen, wenn er nur eine positive Einstellung, ein positives Mindset an den Tag legt.

Kommen wir noch einmal auf das Beispiel am Anfang des Kapitels zurück und starten mit unserem neu erworbenen Wissen in diesen Tag: Du steigst morgens mit Freude in dein Auto, freust dich auf deine Lieblingssongs und auf deine Kollegen und lächelst dabei.

So geht der Tag gleich ganz anders los. Wenn dich jemand anpöbelt, etwa ein Fahrradfahrer oder ein anderer Autofahrer, dann lass nicht zu, dass diese Leute ihre negative Energie bei dir abladen. Denk dir einfach: »Der Arme, der weiß es nicht besser. Aber das wird schon wieder.« Freue dich, dass du über den Dingen stehst. Und wenn sich die Gelegenheit bietet, dann lächele die Person einfach freundlich an und denke dir: »Ich kann sie / ihn verstehen.«

Probier's mal aus. Ich bin sicher: Mit dieser Einstellung wird sich der Tag komplett anders entwickeln!

Noch einmal: Wenn du ein positives Mindset hast, zu 100 Prozent bei dir bleibst und dich durch nichts und niemanden davon abbringen lässt, dann hast du automatisch eine positive Ausstrahlung und dein Gegenüber reagiert darauf mit einem positiven Feedback – zum Beispiel in Form eines Lobs, eines Lächelns oder eines schönen Trinkgelds.

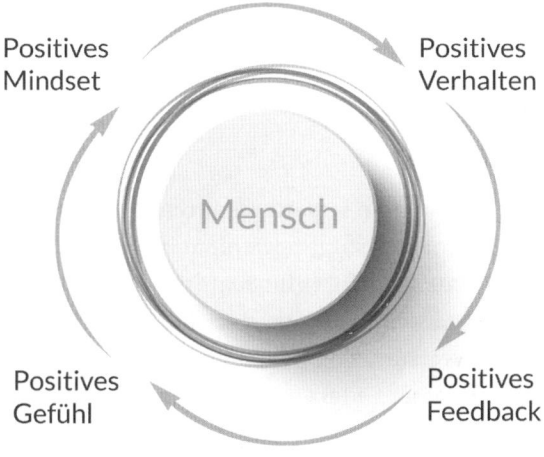

Der MindsetLoop

Man hat leider in vielen Unternehmen den Eindruck, dass nur der Umsatz zählt und darüber die Menschen vergessen werden. Der Kunde ist König und es ist unsere Aufgabe, nett und freundlich zu sein,

Kosten zu sparen und wenig zu investieren. Doch wer kommt dabei zu kurz und wird nicht wertgeschätzt? Genau, die Mitarbeiter! Und weiter geht die Personalsuche ...

Versuche deshalb angespannte Situationen sofort aufzulösen. Da hilft zum Beispiel ein Insiderwitz, den nur du und ein Kollege kennen. Oder ein witziges Erlebnis, das dich mit deinem Team verbindet. Da muss man nur mal an eine echt peinliche Situation denken, über die heute noch alle herzhaft lachen können. Macht diese zum Running Gag, zu eurem persönlichen Anker, eurem Codewort, das euch zum Schmunzeln bringt. So weiß in einer angespannten Situation jeder, wie er den Schalter fix umlegen kann. (Das funktioniert übrigens auch in Beziehungen und im Privatleben allgemein. ☺)

Du hast immer die Wahl. Natürlich kannst du alles negativ sehen und dich da reinsteigern. Aber du wirst sehen, wenn du das Beste aus jeder Situation machst, wird alles leichter, und vermutlich werden auch deine Mitarbeiter freundlicher, wenn du ihnen mit gutem Beispiel vorangehst. Ein schlecht gelauntes Team? Nein danke!

Plus statt minus

Manchmal ist es auch die negative Kommunikation von oben, die das Team ansteckt, sodass irgendwann keiner mehr in der Lage ist, die Dinge positiv zu sehen. Es gibt Teams, die permanent von »Problemen« reden und nicht merken, dass sie selbst schon ein Teil des Problems sind. Wer statt von »Problemen« von »Herausforderungen« spricht, geht ganz anders an die Sache ran und wird bestimmt eine Lösung dafür finden.

Insbesondere wenn es um Veränderungen oder Innovationen geht (oder um etwas, das außerhalb unserer Komfortzone liegt), neigen wir Menschen dazu, in die Ausredenschleife zu rutschen. Was uns da so alles einfällt, ist wirklich bemerkenswert!

Diese negativen Glaubenssätze habe ich in meinen Coaching-Jahren in den unterschiedlichsten Branchen aufgeschnappt:

- Bei uns macht das bestimmt keinen Sinn, die Kunden / Gäste wollen etwas anderes.
- Das passt nicht zu unserem Konzept, das sind nicht wir. Wir wollen das so nicht.
- Zu teuer.
- Wir müssen nicht jeden Trend mitmachen.
- Wir sind die Besten, das zeigen uns die Kunden / Gäste immer wieder. Wir machen weiter wie bisher.
- Brauchen wir nicht.
- Da macht das Team nicht mit.
- Das lässt sich bei uns schwer umsetzen und passt nicht in unsere Strukturen.
- Funktioniert bei uns nicht.
- Wir wollen nicht das machen, was alle machen. Wir sind anders und das zeichnet uns aus.
- Die Mitarbeiter sollen einfach einen guten Job machen und sich nicht noch mit anderen Dingen beschäftigen.
- Quereinsteiger sind zu nichts zu gebrauchen, die können nichts.
- Der Weg bis zum Entscheidungsträger ist zu lang und dann wird es bestimmt abgelehnt. Wir lassen das lieber gleich.

Diese magischen 7 sind essenziell für eine Veränderung deiner Einstellung:

1. Positives Mindset
2. Optimismus
3. Nur die Stärken sehen
4. Gegenseitige Motivation
5. Rituale
6. Ehrliches Feedback
7. Lob und Anerkennung

Mein privater Tipp für dich: Die beste Möglichkeit, ein positives Mindset zu trainieren, ist das Spiel »Mensch ärgere dich nicht«. Von zehn Spielen habe ich als Kind meistens nur eins gewonnen und wollte trotzdem immer weiterspielen. Klar hab ich mich oft geärgert und ich ärgere mich auch heute noch, wenn ich kurz vor dem Ziel rausgeschmissen werde – doch letztlich geht es darum, beim Spielen mit anderen eine gute Zeit zu haben, oder? Es geht nicht um das eigene Ego und schon gar nicht darum, unbedingt zu gewinnen, sondern darum, sich auch für andere zu freuen und daran zu arbeiten, selbst immer besser zu werden.

Merkwürdig

- Reflektiere dich selbst am Ende des Tages.
- Reagiere niemals aus einer Emotion heraus.
- Setze bewusst Anker, die dir dabei helfen, schnell wieder gute Laune zu bekommen.
- Versuche immer eine positive und wertschätzende Sprache zu verwenden, ohne jegliche Bewertung. Und sieh immer das Positive im Menschen.
- Leider verharren wir immer noch viel zu häufig in einer Negativspirale. Doch wenn du als Machkraft nichts änderst, ändert sich gar nichts.
- KEINER ist König. Auch du selbst nicht. Keiner hat das Recht, sich auf Kosten der anderen schlecht zu benehmen.
- Wenn du ein positives Mindset hast, zu 100 Prozent bei dir bleibst und dich durch nichts und niemanden davon abbringen lässt, dann hast du automatisch eine positive Ausstrahlung und dein Gegenüber reagiert darauf mit einem positiven Feedback.

9. Wirklich gute Meetings

»Meeting: Businessclass der Langeweile«
KarlHeinz Karius

»Wann sollen wir das denn noch machen?« »Wir haben dafür eigentlich keine Zeit.« »Wir schaffen es nicht, alle Mitarbeiter an einen Tisch zu bekommen, geschweige in einen Raum.« Wie oft habe ich diese und ähnliche Argumente schon gehört, wenn ich gefragt habe, ob ein Unternehmen regelmäßig Mitarbeiter-Meetings abhält. Doch Meetings sind nun mal wichtig – wenn man bei der Vorbereitung und Umsetzung ein paar Regeln beachtet!

Sinn & Zweck

Meetings sind dazu da, um wichtige Informationen weiterzugeben, sich untereinander im Team auszutauschen und auf den neuesten Stand zu bringen. Das Meeting kann auch für konstruktives und wertschätzendes Feedback zu bestimmten Projekten genutzt werden.

Generell können Meetings zwischen fünf und 30 Minuten lang sein. Es müssen also nicht immer lange Treffen sein. Manchmal reichen kurze Kaffeepausen, sogenannte »Speed Briefings«, in denen noch einmal die aktuellen Aufgaben und Resultate besprochen werden. Oder es geht kurz um den Fahrplan für den kommenden Tag / die kommende Woche.

Doch diese Zusammenkünfte sind kein Selbstzweck – Meetings sind nicht da, um zu »meeten«. Sie sind nicht mit einem Kaffeeklatsch zu verwechseln und es soll dort auch kein Monolog des Chefs stattfinden. Es geht bei diesen Treffen um alle, es geht um das TEAM.

Rederecht für alle

In vielen Meetings redet nur der Chef, während das Team schweigend dabeisitzt, die Mitarbeiter ab und zu etwas mitschreiben und sich ansonsten möglichst unauffällig verhalten, um bloß nicht in den Mittelpunkt der Aufmerksamkeit zu geraten. Doch warum trauen sich die wenigsten, sich öffentlich zu äußern, ehrlich zu sein, und ihre persönliche Meinung zum Ausdruck zu bringen? Ich vermute, die meisten haben Angst, in Meetings bloßgestellt zu werden. Sie haben vielleicht negative Erfahrungen gemacht (z. B. in Schule, Ausbildung oder in früheren Jobs) oder fühlen sich im Unternehmen nicht ausreichend wertgeschätzt. Das sollte eine versierte Machkraft unbedingt im Blick haben, denn: Eine gesunde Meeting-Kultur ist enorm wichtig.

Meetings machen nur Sinn, wenn alle sich daran beteiligen dürfen. Sie müssen auch nicht immer perfekt vorbereitet sein, etwa mit sorgfältig ausgearbeiteten PowerPoint-Folien. Klar braucht es einen Leitfaden – ich nenne das gerne »Hausaufgaben« –, damit jeder sich gut darauf vorbereiten kann. Stelle im Vorfeld Fragen, an die bisher noch nicht gedacht wurde, das gibt dem Treffen noch mehr Sinn.

Wenn du im Meeting oder in Einzelgesprächen einen Punkt ansprechen möchtest, der verbesserungswürdig ist, etwas, das in deinen Augen nicht so gut gelaufen ist, solltest du immer auch einen Lösungsansatz parat haben. Denn meckern kann jeder, da sind wir alle immer ganz schnell dabei. Dafür sollte im Meeting kein Platz sein.

Jeder Mitarbeiter tickt anders und hat individuelle Wünsche und Bedürfnisse. Versuche deshalb, jeden Einzelnen bestmöglich einzubeziehen und diese Bedürfnisse zu berücksichtigen. Je besser du deine Mitarbeiter kennst, desto leichter fällt es dir, sie individuell zu motivieren. Führe dafür regelmäßige Gespräche und versuche, deine Mitarbeiter besser kennenzulernen. Wo wollen sie beruflich hin? Was stört sie an der aktuellen Situation? Welche Verbesserungsvorschläge haben sie? Hab ein offenes Ohr für sie und zeig, dass dir der Austausch mit ihnen wichtig ist.

Das Setting

Der Rahmen des Meetings ist ebenfalls wichtig. Das Ganze darf durchaus Spaß machen. Das ist auch die Meinung von »Mr. Humor«, Roman Szeliga, der sich dazu in meinem Podcast-Interview geäußert hat: »Unser Leben ist viel zu sehr schwarz-weiß. Schon in der Schule wird immer nur das angekreuzt, was falsch ist, anstatt sich darauf zu konzentrieren, was gut ist, um da noch besser zu werden. Die meisten konzentrieren sich auf Probleme und sprechen auch in Meetings in einer negativen Sprache, doch diese Regeln dürfen gebrochen werden.« Und weiter: »Aus einem Meeting kann auch ein kleines Event entstehen, indem man sich zum Beispiel an einem heißen Tag als Eisverkäufer verkleidet und an alle Mitarbeiter ein Eis verteilt. Überrasche sie und kreiere auch da Magic Moments.«

In meinen Meetings und Seminaren gibt es immer ein kleines Geschenk, zum Beispiel eine Tafel Schokolade – überlege dir etwas, was deinen Leuten ein Lächeln ins Gesicht zaubert.

Der Rahmen, in dem wir uns bewegen, ist entscheidend für den Erfolg. Das gilt auch für Meetings.

Merkwürdig

- Eine gesunde Meeting-Kultur ist enorm wichtig.
- Meetings machen nur Sinn, wenn alle sich daran beteiligen dürfen.
- Führe dafür regelmäßige Gespräche und versuche, deine Mitarbeiter kennenzulernen.
- Meetings sind nicht mit einem Kaffeeklatsch zu verwechseln und es soll dort auch kein Monolog des Chefs stattfinden.
- Der Rahmen, in dem wir uns bewegen, ist entscheidend für den Erfolg. Das gilt auch für Meetings.

10. Machkräfte- & Unternehmermotivation

»Ein Geschäft muss umfassend sein,
es muss Spaß machen und
es muss deine Kreativität anregen.«

Richard Branson

Viele denken sich: Wer Mitarbeiter hat, ein Team führt, eine Abteilung oder ein ganzes Unternehmen leitet, der hat es geschafft. Er ist auf der Karriereleiter ganz oben angelangt und führt ein erfolgreiches, leichtes Leben. Was hinter den Kulissen passiert und wie viel Mühe und Arbeit mit so einer Position verbunden sind, interessiert keinen. Und wie beschwerlich der Weg dahin war, auch nicht. Doch es gibt aus meiner Sicht keine Abkürzung zum Ziel, so nach dem Motto: schneller, höher, weiter. Und das ist auch gut so.

Wer »ganz oben« angekommen ist, braucht natürlich auch Unterstützung, Lob und jemanden, der sie oder ihn motiviert. Wie könnte das in der Praxis aussehen? Darf auch eine Machkraft mal einen Durchhänger haben oder Schwäche zeigen? Dazu habe ich mir ein paar Gedanken gemacht.

Antrieb & Motivation

Anfangen müssen wir natürlich bei uns selbst. Warum wollen wir Führungsverantwortung übernehmen? Was war (und ist) unser Antrieb? Hast du das für dich schon einmal beantwortet?

Zur Führung gehört nämlich eine ganze Menge und wir stehen permanent vor Entscheidungen – oder glauben, sie treffen zu müssen. Ein Beispiel: Steht für mich der unternehmerische Erfolg an erster Stelle, sehe ich mich also vorrangig als Chef / Manager? Oder möchte ich mitarbeiterorientiert agieren und auf die Bedürfnisse meiner Leute eingehen, sehe mich also eher als Leader? Viele, vor allem junge bzw. unerfahrene Führungskräfte, wissen nicht, dass und vor allem wie sich beides miteinander vereinen lässt – was, auch in puncto Mitarbeiterbindung, auf jeden Fall der bessere Weg ist.

Chef oder Machkraft?

Manche schlüpfen in die Chefrolle, weil sie Gefallen an Macht und Kontrolle finden. Sie halten ihre Mitarbeiter gerne klein, um selbst besser dazustehen und ihr eigenes Ego zu stärken. Sie müssen sich dauernd profilieren und den anderen zeigen, wer hier der »Chef« ist. Wer sich so verhält, agiert wenig souverän und verfügt in meinen Augen eher über ein geringes Selbstbewusstsein.

Chefs finden immer Fehler bei den anderen, vor allem bei ihren Mitarbeitern, und diskutieren diese gerne ausgiebig. Das manifestiert die Hierarchie, von einem Verhältnis auf Augenhöhe oder der fairen Förderung der Mitarbeiter (Stichwort: gießen und wachsen lassen) kann keine Rede sein. Chefs konzentrieren sich auf die vermeintlichen Schwächen ihrer Leute und alles, was gut läuft, sehen sie als selbstverständlich an – kein Lob in Sicht. All das stärkt bei diesem Typ Chef das Gefühl, dass es ohne ihn sowieso nicht geht.

Im Vergleich zu Chefs sind echte Machkräfte sogar dankbar für Fehler. Sie loben richtig und kritisieren leise. Sie reflektieren die Fehler gemeinsam mit ihrem Team, besprechen, wie es in Zukunft besser laufen könnte, und finden gemeinsam Lösungen. Sie stellen den Menschen in den Mittelpunkt und beharren nicht ständig auf ihrer Chef-Rolle – sie sind so souverän, dass auch gerne mal jemand anderer Chef sein darf.

Wer lobt die Machkraft?

Wenn du Glück hast, tut das dein Partner. Wenn du clever bist, weiter wachsen willst und bereit bist, bis ins hohe Alter zu lernen und Stufe um Stufe zu nehmen, dann lobt dich vielleicht auch dein Mentor –

falls du einen hast, was ich jedem nur empfehlen kann. Ansonsten gibt es da nicht so viele.

Doch sehr viel kommt auch aus dir selbst, denn: Eine echte Machkraft sollte ihren Antrieb daraus ziehen, dass sie sich selbst nicht so wichtig nimmt, sondern andere erfolgreich macht.

Dafür braucht es jedoch eine gewisse mentale Stärke. Einer Machkraft gelingt es immer, sich in ein positives Mindset zu bringen und sich nicht von äußeren Umständen runterziehen zu lassen. Und seien wir mal ehrlich. Die größte Motivation für Unternehmer, Führungskräfte, Leader und Machkräfte sollte doch der Erfolg ihrer Teammitglieder sein, oder? Das war und ist auf jeden Fall immer meine größte Motivation. Wenn Mitarbeiter nicht krampfhaft in deine Fußstapfen treten wollen, sondern eigene hinterlassen, und sie dich im besten Fall noch überholen, kannst du dich doch nur darüber freuen. Wenn sie sich täglich aufs Neue den Herausforderungen stellen, daran wachsen und mit dir gemeinsam an einer Vision arbeiten, ist das für dich als Machkraft eine wunderbare Motivation und ein guter Grund, jeden Tag aufzustehen und loszulegen.

Auch dafür solltest du dir deiner selbst bewusst und stark genug sein, um zu erkennen, dass dein eigenes Lob dein Erfolg und das Glück deiner Mitarbeiter ist.

Belohne dich selbst

Wichtig ist, dass du dich nicht selbst vergisst (dich aber auch nicht zu ernst nimmst). Das trägt zu deinem Glück bei. Tu dir regelmäßig etwas Gutes. Überlege dir, was das sein könnte. Am besten etwas, das du in deinen Tagesablauf integrieren kannst: ein Stückchen von deiner Lieblingsschokolade, eine Viertelstunde Meditation, eine Runde um den Block joggen … es gibt viele Möglichkeiten.

In der Zeit, als ich noch so wahnsinnig viel gearbeitet habe, war ich manchmal unmotiviert und fast schon frustriert; ich hatte das Gefühl, überhaupt keine Zeit mehr für mich zu haben. Einer meiner Mentoren erzählte mir damals von der Beobachtung einiger Schlafforscher, dass wir auch gut mit vier Stunden Schlaf auskämen. Dann bliebe noch genug Zeit für mich.

Ich dachte, der spinnt doch – vier Stunden Schlaf! Ich versuchte es mit sechs Stunden und stehe seitdem in der Regel mindestens zwei bis drei Stunden, bevor ich losmuss, auf. Das ist für mich zu einer schönen Routine geworden. So habe ich morgens Zeit für mich: zum Lesen, in aller Ruhe Kaffee trinken, zum Joggen, um mir Dinge aufzuschreiben, um mich selbst zu reflektieren oder um meine Zeit zu planen. Ich habe auch gelernt, am Morgen richtig zu frühstücken. Das ist so wichtig! Manchmal war bis nachmittags keine Zeit zum Essen, weil meine Mitarbeiter immer die volle Aufmerksamkeit bekamen und ich oft als Letzte eine Pause machte.

Früher bin ich aufgestanden, habe geduscht, beim Schminken im Bad noch zwei, drei Schlucke Kaffee genommen – und dann bin ich auch schon losgerannt und mit dem Auto zur Arbeit gerast. Das kann ich mir heute überhaupt nicht mehr vorstellen.

Der Vorteil, wenn du dir wirklich Zeit für dich nimmst, besteht darin, dass du viel motivierter zur Arbeit gehst und vor allem entspannter bist.

Du erinnerst dich sicher: Ich habe mir ganz am Anfang meines Berufslebens fest vorgenommen, als Chefin anders zu sein. Damals habe ich mir geschworen, dass ich versuchen würde, entspannt zu sein und auch in stressigen Situationen einen kühlen Kopf zu bewahren. Darum ist dieser Start in den Tag, bei dem ich mir bewusst Zeit für mich nehme, in meinem Alltag so wichtig geworden.

Was auch immer guttut, ist ein kurzes Nickerchen am Nachmittag. Mach mal Pause! Und wenn es nur 30 Minuten sind, in denen du dich zurückziehst. Nimm dir Zeit zum Nachdenken. Unser Alltag ist so schnelllebig; wir sind getrieben von den äußeren Umständen und der Menge an Informationen, die auf uns einprasseln. Müdigkeit oder Erschöpfung sind oft die Folge davon. Das solltest du ernst nehmen und dir diese kleinen Auszeiten gönnen.

Hilfe von außen

In Krisenzeiten sind Menschen in Führungspositionen natürlich besonders gefordert. Sie stehen unter enormem Druck, Entscheidungen treffen zu müssen. In Stresssituationen beobachten wir immer wieder, wie sich der Umgangston verschärft. Menschen, die eigentlich zusammenarbeiten sollten, greifen sich plötzlich persönlich an und es geht dabei nicht nur um die Sache.

Wo sind da die Mentoren? Gibt es überhaupt welche? Externe Experten, die von außen auf die Sache schauen, motivieren und die beruhigend auf die Chefetage einwirken – das könnte die Zukunft sein. Auf der Führungsebene, das haben wir gesehen, gibt es selten jemanden, der motiviert. Die Führungskräfte sind oft auf sich allein gestellt; sie haben das Gefühl, ihre Schwächen und Emotionen nicht zeigen zu dürfen und in Krisenzeiten umso stärker sein zu müssen.

Doch wer hat gesagt, dass sie das nicht dürfen? Es ist menschlich, Gefühle zu zeigen, und wenn du stark für dein Team bist, musst auch du irgendwann mal deine Gefühle rauslassen, um wieder Kraft zu schöpfen. Hab Vertrauen. Vertrauen in andere Menschen, denen du dich öffnest. Denn wir brauchen eine gesunde Vertrauenskultur in unseren Organisationen.

Also investiere nachhaltig in dich und deine Organisation und hole dir zur Unterstützung eine externe Person an Bord, die als Bindeglied zwischen dir und dem Team fungiert, um mit für nachhaltige Stabilität und Wachstum zu sorgen.

Nicht nur Vorgesetzte(r), sondern Vorbild

Möchtest du in die Fußstapfen anderer treten oder möchtest du diese Fußstapfen überholen und deine eigenen Spuren hinterlassen? Führung musst du wollen. Da geht es nicht darum, ein Modell anzunehmen oder sich ins gemachte Nest zu setzen und »Chef zu spielen«. Du musst Resultate schaffen, beweisen, dass du es kannst und mehr willst als alle anderen. Du darfst die Extrameile gehen. Dazu gehört eine Menge Selbstdisziplin, denn vor allem am Anfang motiviert dich keiner (außer du dich selbst!) und du bist auf dich allein gestellt. Beharrlichkeit und Geduld sind gefragt. Das ist ein längerer Prozess und der funktioniert nicht über Nacht. Und es kommt vor allem darauf an, wie wir uns verhalten, während wir warten.

Manchmal sind wir auf uns selbst angewiesen. Ein guter Freund von mir sagte mal: »Tue jeden Tag etwas Neues. Vielleicht auch etwas, wovor du Angst oder Respekt hast. Das macht enorm viel mit dir.« Und er hatte definitiv recht!

Auch bei mir gab es Tage, an denen ich dachte: »Jetzt bricht alles zusammen. Alles ist doof, ich würde am liebsten wegrennen. Nix funktioniert.« Ich war einfach nur noch wütend und gereizt. In einer dieser schwierigen Situationen hat einer meiner Mentoren zu mir gesagt: »Alles passiert aus einem Grund und hat einen Sinn, den du vielleicht jetzt noch nicht verstehst. Vertrau dem Prozess. Es sortiert sich vielleicht nur gerade neu.«

Am Anfang haben mich solche Sprüche nur noch wütender gemacht, weil ich sie einfach nicht verstanden habe. Mittlerweile bin ich klüger geworden und habe gelernt, niemals auf etwas nur aus einer Emotion heraus zu reagieren. Lass die Sonne untergehen, schlaf darüber und du wirst sehen: Am nächsten Tag geht die Sonne wieder auf und die Welt sieht ein bisschen anders und vor allem klarer aus. Auch das gehört zur mentalen Eigenunterstützung dazu.

Merkwürdig

- Was ist dein Antrieb? Nimm diesen Antrieb als deine Motivation.

- Lobe richtig und kritisiere leise.

- Suche dir einen Mentor.

- Einer Machkraft gelingt es immer, sich in ein positives Mindset zu bringen und sich nicht von äußeren Umständen runterziehen zu lassen.

- Wachse an deinen Herausforderungen, stelle dich diesen täglich und arbeite mit deinem Team gemeinsam an einer Vision – das sollte deine Motivation sein, jeden Tag aufzustehen.

- Starte mit Ritualen in den Tag und nimm dir öfter Zeit für dich, auch wenn es nur fünf Minuten sind.

- Wir brauchen eine gesunde Vertrauenskultur in unseren Organisationen.

- Eine echte Machkraft sollte ihren Antrieb daraus ziehen, dass sie sich selbst nicht so wichtig nimmt, sondern andere erfolgreich macht.

- Tu jeden Tag etwas Neues, vielleicht auch etwas, wovor du Angst oder Respekt hast.

- Bring Geduld mit und vertrau dem Prozess, denn alles passiert aus einem Grund und hat einen Sinn!

11. Bessere Arbeitsatmosphäre schaffen und bewahren

»Der Rahmen ist wichtiger als der Inhalt.«
Tobias Beck

Die meisten Menschen haben heute in puncto Jobauswahl viel mehr Möglichkeiten als früher. Sie können sich bewusst überlegen, wo sie arbeiten wollen und was sie von ihrem Arbeitsplatz erwarten – um dann ihre Wahl zu treffen. Es geht längst nicht mehr nur darum, bei einem möglichst bekannten und angesehenen Unternehmen zu arbeiten, damit es im Lebenslauf etwas hermacht (ganz egal, unter welchen Bedingungen man dort gearbeitet hat). Heute geht es in erster Linie um das eigene Wohlempfinden und um die »Bauchebene«, nicht um den Namen und den Bekanntheitsgrad, das Monetäre oder die cool designte Einrichtung. Menschlichkeit zählt. Die modernen Mitarbeiter wollen sich geborgen und wertgeschätzt fühlen und das Herz der Organisation spüren.

Wie es *nicht* funktioniert

Wir handeln oft in vorauseilendem Gehorsam. Lange habe ich mit diesem Satz nichts anzufangen gewusst. Heute kann ich ihn wunderbar auf die Teamführung übertragen. Denn wir als Führungskräfte denken oft für andere. Ohne dem Gegenüber die Chance zu geben, sich selbst zu äußern, haben wir das Problem schon ausgesprochen oder entsprechend gehandelt. Genau das ist vorauseilender Gehorsam. Und damit tun wir unseren Mitarbeitern keinen Gefallen!

Ich habe mich oft selbst dabei erwischt, dass ich als Chefin für andere gedacht habe. Ich war der Meinung, dass sich meine Leute bestimmt darüber freuen, dass es ihnen gefällt und sie meinen Einsatz brauchen. Dabei habe ich leider keinen Gedanken darauf verschwendet, was meine Mitarbeiter wirklich wollen ... bis ich irgendwann gemerkt habe, dass sie weder die Team-Meetings noch unsere Teamausflüge mochten, sondern sie im Gegenteil eher als lästige Pflichtveranstaltung angesehen haben. Und dafür gab es auch einen guten Grund: Die Atmosphäre hat ihnen nicht gefallen. Sie haben sich gefühlt wie in der Schule. Ganz nach dem Motto: »Wenn vorne einer spricht und die anderen nicht, dann ist das Unterricht.«

Also habe ich dafür gesorgt, dass es sich leichter anfühlt. Einmal habe ich unseren Meeting-Raum wie für einen Kindergeburtstag dekoriert – Luftballons, Luftschlangen, bunte Servietten, Süßigkeiten, es gab ein kleines Buffet mit Buletten, Kartoffelsalat und Kuchen und dazu spielte im Hintergrund leise Musik. Das Team war überrascht und viele hatten ein großes Glitzern in den Augen. Von dem Tag an gestalteten sie den Meeting-Raum von sich aus besonders und auch bei den Ausflügen sorgten sie für eine schöne Atmosphäre. Und was fast noch wichtiger war: Sie bekamen darüber auch den Freiraum, ihren Arbeitsplatz so zu gestalten, dass sie sich dort wohlfühlten. Sogar wenn unsere Gäste reserviert hatten, um einen Geburtstag zu feiern, wurde das Team kreativ und hat das Ganze liebevoll dekoriert. Das sprach sich natürlich rum. Die Liebe zum Detail wurde unser Markenzeichen.

Was Mitarbeiter wirklich brauchen

Zu einer guten Arbeitsatmosphäre gehört noch mehr, und dabei spielt nicht unbedingt die Bezahlung die wichtigste Rolle. Viel wichtiger sind in diesem Zusammenhang ausreichend Freizeit und genug Möglichkeiten für die persönliche Weiterentwicklung. Wenn all diese Komponenten stimmen, haben unsere Mitarbeiter wieder mehr Spaß bei der Arbeit und können sich entwickeln – sie können wachsen. Dass wir Machkräfte dann auch gewillt sind, das entsprechend zu honorieren, ist ein netter Nebeneffekt.

Doch wie kann das gelingen? Ich habe mich in einem ersten Schritt bemüht, herauszufinden, was sich die Menschen wirklich wünschen. Also habe ich zum Beispiel beim Recruiting die Bewerber gefragt, was sie brauchen oder was ihnen im letzten Job gefehlt hat. Ich habe auch in Einzelgesprächen oder Teamcoachings zu klären versucht, was jeder Einzelne in meinem Team braucht und welche Ziele sie oder er sich für die nächsten fünf Jahre setzt, um Erfüllung im Job zu finden. Interessanterweise steht Geld fast nie an erster Stelle. Natürlich ist Geld wichtig. Wir brauchen es zum Leben. Es ist Energie und ein Mittel zum Zweck, und ja, es ist schön, wenn man es hat. Aber Geld allein macht bekanntlich nicht glücklich. Das Gesamtpaket muss stimmen, denn käuflich sind wir nicht!

Auch mit einem neuen Handy, einem schicken iPad oder einem schönen Dienstwagen machen wir die Mitarbeiter nicht glücklich und es wird uns nicht gelingen, sie nur damit an unsere Organisation zu binden. Diese Art von Bonus ist vielleicht eine kurzfristige Motivationsspritze, aber für eine langfristige Bindung braucht es viel mehr. Es geht um Gefühle.

Das hier ist jetzt ein Golden Nugget für dich. Pass gut auf, denn das ist wirklich das Fundament, auf dem alles aufgebaut wird: Schaffe einen Raum, in dem sich deine Mitarbeiter komplett wohlfühlen. Kreiere ein zweites Zuhause für sie, in dem sie Sicherheit spüren, weil sie auch in schwierigen Zeiten nicht alleinegelassen werden. Menschen möchten das »Herz« der Organisation spüren und an einem Ort arbeiten, an dem sie im Team und mit dem Team eine warme, herzliche Atmosphäre genießen können. Einen Ort, wo Fehler erlaubt sind und es immer ein offenes Ohr für ihr Anliegen gibt. Einen Ort für persönliche Weiterentwicklung und mit einem gemeinsam gelebten Wertesystem.

Wenn all das gegeben ist, besteht deine Aufgabe darin, die Menschen in deinem Haus immer wieder neu zu begeistern, sie zu überraschen, sie zu fördern und zu fordern und sie täglich mit deiner Art und mit deinem Wesen dort abzuholen, wo sie gerade stehen – frei von Bewertungen –, damit sie ihren Arbeitsplatz lieben und immer wieder gerne dorthin kommen.

Auf der Wunschliste ganz oben: Wertschätzung und Anerkennung

> »Erst wenn in einer Organisation nicht mehr alle Energie darauf verwendet wird, bestimmte wirtschaftliche oder produktorientierte Ziele zu erreichen oder Arbeit auf Biegen und Brechen im Sinne von z. B. New Work zu verbessern, sind genügend Kapazitäten frei, um Werte zu beachten und zu beleben.«
>
> Volker Schmidt-Sköries

Menschen wollen Anerkennung – dabei möchten sie sowohl Anerkennung erfahren als auch Anerkennung geben. Und sie möchten das Gefühl haben, gebraucht zu werden. Sie wollen Vertrauen und Unterstützung und möchten sich auch auf die anderen Teammitglieder und den Chef verlassen können. Eine gesunde Vertrauenskultur

eben. Sie brauchen einen gewissen Freiraum, um sich selbst ausprobieren zu können. Das bedeutet nicht, dass sie immer nur Lob hören
wollen, sie wünschen sich eher stetig präsente Wertschätzung und
Anerkennung.

Dürfen wir jetzt nicht mehr loben? Doch! Klar dürfen wir das.
Aber hier ist auch Vorsicht geboten. Denn zu viel Lob ist nicht mehr
authentisch. Loben wir gar nicht, ist das auch nicht gut. Ich rate zu
einem gesunden Mittelmaß. So wie es besser ist, leise zu kritisieren,
ist es ab und zu auch besser, leise zu loben. Wenn du laut lobst, dann
begründe es und beziehe andere Kollegen mit ein.

Es geht nicht immer nur darum, was wir wie sagen, sondern darum, dass es überhaupt gesagt wird. Denn wir haben doch alle das
Bedürfnis, gesehen und gehört zu werden, oder? Es gibt viele Macher da draußen, aber die richtige Machkraft weiß genau, was ihre
Mitarbeiter in welcher Situation brauchen. Es reicht oft tatsächlich
ein ehrliches Interesse. Doch gerade das ist so selten.

Die Geschichte von Anna

Was ich damit meine, lässt sich sehr gut am Beispiel von Anna zeigen, die ich vor einiger Zeit auf einem Seminar in Wien kennengelernt habe. Sie war damals gerade von Wolfsburg nach Wien gezo-
gen. Aus einem sicheren Job in der Pharmaindustrie heraus hatte sie
sich als Praktikantin bei einem Start-up beworben, um komplett neu
durchzustarten. Sie wollte ihr altes Leben hinter sich lassen. Ihr neu-
er Chef sah Annas Potenzial für seine Agentur und schickte sie auf
ein Rhetorikseminar, damit sie noch selbstbewusster und professio-
neller auftreten konnte, um die Firma nach außen hin bestmöglich
zu präsentieren.

Anna war durchaus offen für all das Neue und sie war dankbar,
dass jemand sie auf diese Reise mitnahm. Wir zwei hatten vom ersten Tag an eine ganz besondere Verbindung. Die verletzliche, un-
sichere Anna sah mich aber zunächst als Konkurrentin. Ich merkte
schnell, dass sie etwas aus ihrer Vergangenheit aufzuarbeiten hatte,

denn sie war sehr in sich gekehrt und hatte wenig Selbstbewusstsein. In den Folgemodulen konnte sie auch darüber reden und diese Befindlichkeiten mit uns anderen teilen.

In den Pausen war sie permanent am Handy, ihr Chef rief sie an oder schickte Nachrichten mit vielen To-dos. Auf meine Frage, ob sie Unterstützung hätte, antwortete sie, dass es da zwar noch jemanden aus dem Marketingbereich gäbe, dass dieser Mensch aber keine große Hilfe sei. Alle Aufgaben landeten also bei ihr.

Als ich Anna zwei Monate später beim Seminar in München wiedertraf, hatte sich an ihrer angespannten Situation nichts geändert. Im Kurs selbst machte sie Riesenfortschritte, da sie ihre Story erzählte und sie auf diese Weise verarbeiten konnte. Ich merkte aber, dass sie weiterhin etwas bedrückte. Es war die Arbeit. Zu viele Aufgaben für zu wenige Leute und ihr Chef merkte das nicht. Der sah das wahrscheinlich anders.

Ich bot Anna an, ihr zu helfen, und flog mit ihr nach Hamburg, wo ihre Firma auf der Messe »Internorga« einen Stand hatte und auch ihr Chef anwesend war. Das Team von Annas Firma bestand aus ihr, dem jungen Mann aus der Marketingabteilung, den externen Fotografen und mir. Als drei Paletten mit Werbematerialien eintrafen, die noch komplett aufbereitet werden mussten, war Annas Überforderung mit Händen zu greifen. Doch statt Unterstützung anzubieten oder zu organisieren, ging ihr Chef erst mal essen und brachte Anna lediglich eine Pizza vom Italiener um die Ecke mit, die sie sich mit dem Marketing-Jungen teilte. Wie viel besser wäre es gewesen, den Messeeinsatz in allen Details vorher in aller Ruhe bei einem gemeinsamen Abendessen/Meeting zu besprechen – und nicht zwischen Tür und Angel am Tag zuvor!

Anna gab 150 Prozent, in der Hoffnung, jemand würde sehen und anerkennen, was sie alles machte, und ihr die nötige Unterstützung geben. Sie fühlte sich alleingelassen und hielt den Druck einfach nicht mehr aus. Zurück in Wien zog sie sich beim Sport eine schlimme Knieverletzung zu und lag im Krankenhaus. »Das war die Reißleine vom Universum«, sagte ich zu ihr. Natürlich kam ihr Chef sie besuchen, doch ihm ging es im Grunde nur darum, dass sie schnell wieder gesund werden sollte, um ihm in der Agentur zu helfen. Anna selbst wollte nur eines: weg. Sie hatte sich in ihrem neuen Job einfach nur Unterstützung im Team gewünscht, sie erwartete Wertschätzung und Anerkennung. Aber was bekam sie? Eine Pizza, ein neues Handy, einen Mac und eine Dienstreise nach London. Ihre tatsächlichen Bedürfnisse wurden nicht gehört.

Hinzu kam der Druck, die Erwartung, sich persönlich weiterzuentwickeln. Das ist ja schön und gut, funktioniert aber nur in Maßen. Wir alle brauchen auch Erholungsphasen. Wenn der Entwicklungsdrang zur Doppelbelastung führt und der Spaß dabei verloren geht, weil die Vorgesetzten kein ehrliches Interesse an ihrem Team zeigen, sondern nur auf ihren Erfolg bedacht sind, wenn sie nicht sehen, was die Mitarbeiter wirklich brauchen und wie es ihnen tatsächlich geht, dann werden die Mitarbeiter krank oder orientieren sich neu.

An dieser Stelle gibt es immer zwei Wahrheiten. Hier zum einen Annas Wahrheit – eine Mitarbeiterin, die sich weder wertgeschätzt noch anerkannt fühlte und einfach nur Unterstützung von anderen gebraucht hätte. Zum anderen die Wahrheit ihres Chefs, der glaubte, er hätte mit der Weiterbildung, den Geschäftsreisen und den anderen Goodies alles Nötige getan, und der Anna nun undankbar fand. Das konnte einfach nicht gut gehen. Und so mussten sich ihre Wege leider trennen.

Was kann eine wahre Machkraft tun?

Es ist doch so: Wenn wir uns für die anderen interessieren, interessieren diese sich auch für uns. Wenn du als Machkraft nicht dazu imstande bist, deine Mitarbeiter aufrichtig wertzuschätzen, beginnt in deren Köpfen eine Art Gedankenschleife, die, wenn sie nicht gestoppt wird, zu Unzufriedenheit und Leistungsabbau führen kann. In Bezug auf andere zählt eben nicht das, was du als gut und richtig empfindest. Doch da ist er wieder, der vorauseilende Gehorsam. Führungskräfte – und vielleicht auch du – gehen oft nur von sich selbst aus und denken für andere, anstatt ehrliches Interesse zu zeigen.

Probiere es einfach mal aus. Frage deine Mitarbeiter einzeln, was sie wirklich brauchen und was sie sich wünschen. Da wirst du Sachen hören, auf die du nie gekommen wärst. Oft machst du dann die schöne Erfahrung, dass sie auf einmal sehr persönliche Infos mit dir teilen und denkst: »Wow, was für eine Ehre, da öffnet sich ja jemand richtig.«

Die Realität sieht leider so aus, dass sich viele Mitarbeiter schon bei der Morgenroutine nicht wertgeschätzt fühlen. Das fängt bei der Begrüßung an, wenn du sie bewusst ansiehst (oder eben nicht!). Du musst nicht immer allen die Hand geben oder sie umarmen – was unter Corona-Bedingungen derzeit ohnehin nicht mehr passend ist. Es reichen schon ein freundliches »Hallo« oder »Guten Tag«, ein freundliches Nicken, der persönliche Blickkontakt oder die persönliche Ansprache mit Namen. »Frau Müller, wie geht's Ihnen heute?«

Grüßt du jemanden mal nicht, was meist keine Absicht ist, setzt du bei demjenigen sofort etwas in Gang und löst meistens eine Negativspirale aus. Der Mitarbeiter denkt vielleicht: »Mag sie mich nicht mehr?« »Ist sie nicht zufrieden mit mir?« »Hab ich was falsch gemacht? Stehe ich auf der Liste?« Du hingegen denkst dir dabei meistens gar nichts. Doch wenn du später dann zufällig genau diese Person zum Gespräch bittest, hat sich ihre Gedankenspirale inzwischen weitergedreht und sie hat vielleicht sogar Angst, ihren Job zu verlieren. Dir ist das gar nicht bewusst, weil du gerade so viele andere Baustellen und Aufgaben hast. Also machst du dir darüber gar keine Gedanken. Solltest du aber!

Ehrliches Interesse spielt in puncto Anerkennung eine genauso große Rolle. Wenn du bei einem Meeting den Ball ins Team zurückspielst und es um seine Meinung fragst, ist das die größte Wertschätzung, die sich Mitarbeiter wünschen können. Denn sie wollen das Gefühl haben, dass ihr Wert geschätzt wird und sie auch einen Teil zum Erfolg beitragen. Sie wollen gehört werden. Und das ohne Bewertung.

Raus aus der Dynamik von Lob und Kritik Einzelner, hin zum wertschätzenden und respektvollen Miteinander im gesamten Team.

Genau deshalb sind Ehrenkodex, Teamkodex oder eine Sammlung von »Golden Rules« so wichtig. Menschen ziehen Menschen an, Gleiches zieht Gleiches an. Doch die Menschen sind nun mal unterschiedlich, haben unterschiedliche Wertesysteme und unterschiedliche Bedürfnisse. Sei dir wirklich deiner Werte bewusst. Schreibe auf, was dir wichtig ist. Was brauchst du, um glücklich zu sein? Wenn du es für dich selbst herausgefunden hast, kannst du diese Recherche auf deine Mitarbeiter übertragen und so viel mehr über sie in Erfahrung bringen. (Übrigens: Das funktioniert nicht nur im Businessbereich, sondern auch im Privatleben.)

Auch Anna hat nach einigen schmerzhaften Erfahrungen festgestellt, dass sie ein bestimmtes Wertesystem in einer Organisation braucht, damit sie sich wohlfühlt. Das sollte jeder, der einen Job sucht, unbedingt vorher abchecken. Denn sonst passiert ihr oder ihm das Gleiche wie Anna. Du gibst immer 150 Prozent, um Anerkennung und Wertschätzung zu bekommen. Das kann aber gar nicht funktionieren, wenn dein Chef ein anderes Wertesystem hat und ihr vielleicht beide nicht respektvoll über die Erwartungshaltung redet. Manche Chefs glauben auch: »Oh ja, klasse, jetzt geben meine Mitarbeiter viel Gas, die sind schnell, denen kann ich noch viel mehr Aufgaben geben!« Und dann brennen diese Mitarbeiter aus. Sie müssen langsamer machen und dürfen sich dann im Worst Case anhören, sie seien der Aufgabe wohl nicht mehr gewachsen – um sich dann noch schlechter zu fühlen als vorher. Einer echten Machkraft sollte so etwas im Umgang mit ihren Mitarbeitern niemals passieren.

Anders gesagt (und das gilt für beide Seiten): Sich selbst in einer Aufgabe zu entdecken, sich über das eigene Wertesystem klar zu sein und der Erhalt von Wertschätzung sind die Grundvoraussetzungen für ein langfristig bestehendes Team.

Klartext bitte!

Wenn ich frage, was sich Mitarbeiter wirklich wünschen, nennen sie meistens verschiedene Grundbedürfnisse, wie etwa:

1. Sicherheit
2. Persönliche Weiterentwicklung
3. Kommunikation im Team
4. Zusammenhalt im Team
5. Wertschätzung
6. Erfüllung im Job

Aber wenn ich sie frage: »Was sind denn deine Werte, die dir wichtig sind?«, kommt meistens ... NIX!!! Viele sind sich ihrer eigenen Werte gar nicht bewusst.

Nun habe ich eine dazu passende Übung für dich: Schreib deine zehn TOP-Werte auf, die dir bei der Arbeit wichtig sind, damit du dich gut fühlst:

1. _____
2. _____
3. _____
4. _____
5. _____
6. _____
7. _____
8. _____

9. _____

10. _____

Wenn du für dich klar bist in deinen Werten, gehst du viel sensibler mit den Werten deiner Mitmenschen um und kannst besser erkennen, ob ihr die gleichen Werte teilt. Wenn nicht, wird es schwer.

Für mich ist ein klares Wertesystem sehr wichtig, und das nicht nur in Organisationen, in Meetings und in der täglichen Kommunikation mit Mitarbeitern und Kunden, sondern immer! Wenn ich merke, dass ein Kunde mein Wertesystem nicht teilt, und ich das Gefühl bekomme, dass mein Gegenüber sich zudem dagegen wehrt, dann nehme ich den Job oder den Auftrag nicht an.

Was mindestens genauso wichtig ist wie ein ähnliches Wertesystem, ist eine positive, wertschätzende Sprache, ohne Vorwürfe und ohne das Gegenüber zu verletzen. Jeder Mensch ist anders und jeder hat eine andere Art und Weise zu kommunizieren. Das müssen und dürfen wir akzeptieren. Wichtig: Jeder darf sagen, was er sich in der Kommunikation wünscht. Wenn das nicht geschieht, machen alle so weiter, wie sie selbst es für richtig halten. Und dann ändert sich nichts.

Viele lassen sich triggern von anderen, sie agieren dann nicht mehr wertschätzend, und zwar ohne dass sie es selbst merken. Sie hängen dann in ihrem eigenen Ego fest und schaffen es nicht mehr, wertschätzend zu kommunizieren, weil sie sich gekränkt fühlen, anstatt dem Gegenüber sachlich zu sagen, was sie sich anders wünschen. In diesen Teufelskreis sollte eine echte Machkraft niemals geraten.

Meine Empfehlung: Redet auch wertschätzend miteinander, wenn euch etwas stört, sprecht es direkt an, und zwar rechtzeitig bevor das Fass überläuft.

#Merkwürdig

- Heute geht es den Mitarbeitern in erster Linie um ihr eigenes Wohl-empfinden und um die »Bauchebene«.

- Finde heraus, was deine Mitarbeiter wirklich wollen und was ihre Ziele in den nächsten fünf Jahren sind, um Erfüllung im Job zu finden.

- Das Gesamtpaket muss stimmen.

- Kreiere mit deinem Team einen Raum, in dem sich deine Mitarbeiter komplett wohlfühlen.

- Schaffe ein Wertesystem, das allen wichtig ist und nach dem jeder konsequent lebt.

- Gegenseitige Wertschätzung und Anerkennung, das ist der Trend.

- Mitarbeiter wollen Vertrauen und Unterstützung, wollen sich auch auf die anderen Teammitglieder und den Chef verlassen können, wünschen sich also eine gesunde Vertrauenskultur. Gib deinem Team auch einen Vertrauensvorschuss.

- Raus aus der Dynamik von Lob und Kritik Einzelner, hin zum wert-schätzenden und respektvollen Miteinander im gesamten Team.

- Ehrenkodex, Teamkodex oder eine Sammlung von »Golden Rules« sind wichtig. Menschen ziehen Menschen an, Gleiches zieht Gleiches an.

- Was mindestens genauso wichtig ist wie ein Wertesystem, ist eine positive, wertschätzende Sprache, ohne Vorwürfe und ohne das Gegenüber zu verletzen.

- Redet auch wertschätzend miteinander, wenn euch etwas stört, sprecht es direkt an, und zwar rechtzeitig bevor das Fass überläuft.

12. Meine zehn Diamanten

> »Was immer der menschliche
> Geist sich vorstellen und
> woran immer er glauben kann,
> das kann er auch vollbringen.«
>
> Napoleon Hill

Aus meinem eigenen *Leidbild* sind meine zehn Diamanten, mein persönliches *Leitbild* entstanden. Es hilft 1. die richtigen Mitarbeiter zu finden, 2. sie im Betrieb zu halten und 3. sie in ihre eigene Kraft zu bringen – also zu echten Machkräften zu machen!

Unternehmen können es sich nicht leisten, auf echte Talente zu verzichten, die sich vielleicht gar nicht erst bei ihnen bewerben. Genauso wenig können sie es sich leisten, die wertvollen Potenziale ihrer Mitarbeiter unentdeckt zu lassen.

Die Generation Y (oder Millennials), jene Menschen also, die im Zeitraum zwischen den frühen 1980er- und den späten 1990er-Jahren geboren wurden, sagen im Berufsleben ganz klar, was sie wollen und was nicht. Sie wünschen sich einen wertschätzenden Umgang, ausreichend Freizeit, eine angenehme Arbeitsatmosphäre, ein Wir-Gefühl, die Möglichkeit, sich weiterzuentwickeln, und den Freiraum, Eigeninitiative zu zeigen.

Für Arbeitgeber bedeutet dies in erster Linie, dass für all diese Wünsche und Bedürfnisse geeignete Rahmenbedingungen geschaffen werden müssen – ein Wertesystem, ein Ehrenkodex oder Teamkodex. Das ist das Fundament, auf dem alle bauen können. Ist das nicht gegeben und sind die Mitarbeiter inklusive Chef nicht auf einem Mindset-Level, kann man noch so viele Seminare besuchen, es wird nichts bringen. ALLE im Betrieb müssen sich committen!

Kreiert also einen Teamkodex, der Stabilität gibt und der in Konfliktsituationen als Richtlinie angesehen werden kann. Damit bekommen die Mitarbeiter eine Möglichkeit, sich selbst immer wieder einzubringen, Entscheidungen zu treffen und eigene Ideen umzusetzen. Wer auf diese Weise an die Eigeninitiative herangeführt wird, übernimmt das Verhalten, den Teamgedanken, irgendwann ganz von selbst. Ebenso wichtig ist regelmäßiges Feedback, damit Mitarbeiter eine Rückmeldung zu ihrem Verhalten bekommen und merken, dass ihre Eigeninitiative positiv aufgenommen wird.

Doch wie erreiche ich als Machkraft, dass jemand überhaupt Eigeninitiative entwickelt? Viele Mitarbeiter trauen sich nicht, heißt es oft. Um diese Angst zu überwinden, müssen wir uns darauf konzentrieren, die Stärken der einzelnen Mitarbeiter hervorzuheben.

Machkräfte müssen dazu bereit sein, diesen Freiraum für ihre Mitarbeiter zu schaffen. Das bedeutet konkret, auch mal Verantwortung abzugeben, aber gemeinsam für einen Fehler geradezustehen und diesen dann auch zusammen, ohne Schuldzuweisungen, zu reflektieren.

Viele Unternehmen suchen doch genau nach diesen Persönlichkeiten, die die Dinge in die Hand nehmen und ihre Chancen nutzen – statt darauf zu warten, dass jemand ihnen sagt, was sie zu tun haben. Oder?

Um eine Arbeitsatmosphäre entstehen zu lassen, in der sich Mitarbeiter trauen, Dinge auszuprobieren, habe ich meine zehn Diamanten definiert. Sie bilden für die Mitarbeiter die Grundvoraussetzung, um ihre Komfortzone verlassen zu können. Die Diamanten sind eine Vorstufe des FAN-Modells (dazu später mehr in Kapitel 13) und dienen als Bedienungsanleitung für nachhaltige Mitarbeiterbindung. Denn ich habe in meinen Trainings oder Coachings immer wieder erfahren, dass mangelnde Motivation, Frust und Dienst nach Vorschrift die Folge sind, wenn es kein klares Leitbild gibt und der Sinn hinter Arbeitsprozessen nicht erkennbar ist.

Chef oder Held – als bestes Beispiel vorangehen

»Wenn kein offener Meinungsaustausch
stattfinden kann, sitzt der Chef am Ende im Glashaus
und verliert den Blick für die Wirklichkeit.«

Bernard Tapie

Eine Führungskraft sollte sich stets ihrer Vorbildfunktion bewusst sein und immer mit gutem Beispiel vorangehen. Motivation ist eine Frage der Einstellung, und nur wenn du als Heldin oder Held für eure Projekte brennst, werden es deine Mitarbeiter ebenfalls tun. Du kannst nicht erwarten, dass sie mit Freude Überstunden leisten, wenn du selbst der Erste bist, der sich in den Feierabend verabschiedet oder wenn du nach stressigen Situationen immer sofort in die Pause gehst. Helden gehen immer zum Schluss, denn ihnen ist das Team wichtig und dass alle sich gut fühlen, um die volle Leistung bringen zu können. Sei ein Vorbild auf fachlicher und, noch viel wichtiger, auf persönlicher Ebene.

Jeder fängt mal klein an, deshalb ist es so wichtig, allen Menschen unabhängig von ihrer Position immer wertschätzend zu begegnen. Was du von anderen erwartest, solltest du auch selber können. Helden können zwar nicht alles, aber sie wissen zumindest, wie es geht oder wen sie fragen können. So machen sie sich unabhängig und sind in der Lage, anderen etwas beibringen zu können. Sie machen andere groß. Chefs hingegen stellen bewusst Menschen mit spezifischen Kompetenzen ein, um diese Lücke nicht selbst füllen zu müssen. Sie erwarten Menschen, die sofort anpacken und stets wissen, was zu tun ist (Stichwort: fertige Menschen). Doch dann sind sie oft unangenehm überrascht, wenn ihnen klar wird, dass im Grunde jede und jeder erst einmal eingearbeitet werden muss.

Mein Tipp: Verlasse regelmäßig deine Komfortzone und lerne selber so viel wie möglich dazu, damit du es deinem Team nicht nur theoretisch, sondern auch praktisch zeigen kannst. Dazu ein

Beispiel aus meiner Zeit in der Schützen-Wirtin. Du erinnerst dich vielleicht: Mein Team und ich hatten die gemeinsame Vision, das freundlichste Wirtshaus von ganz Berlin zu sein und die besten Gänse der Stadt anzubieten. Um das Gänseessen zu einem besonderen Erlebnis für die Gäste zu machen, haben wir uns einiges einfallen lassen. Wir trugen Dirndl in den Farben unseres Logos und der Gast durfte sich aussuchen, ob er die Gans selbst zerteilen wollte, ob wir das Tranchieren übernehmen sollten, ob das Ganze am Tisch oder in der Küche stattfinden sollte usw. Vor dem Tranchieren zelebrierten wir immer eine Art »Gänseshow«. Die Gans wurde mit einer Feuerfontäne präsentiert, eine Servicekraft im Dirndl und mit einer großen bunten Brille auf der Nase trug sie rein und dazu lief die bekannte Melodie aus der »Traumschiff«-Serie. Das war ein Showact der Superlative und ein echter Magic Moment für die Gäste. Dazu machte das Team mit einer Polaroid-Kamera Fotos. Später bekamen die Gäste dieses Foto, mit einem lieben Spruch versehen, als kleine Erinnerung zur Rechnung gereicht.

Menschen lieben emotionale Erlebnisse

Warum erzähle ich das? Bei mir kam bei diesen Gelegenheiten schon immer ein bisschen mein inneres Kind durch. Ich habe so richtig Entertainment gemacht und damit andere angesteckt – die Gäste haben sich für die Fotos sogar freiwillig auf die Stühle gestellt und mit bunten Brillen und Hüten posiert. Für manche lag das ganz klar außerhalb ihrer Komfortzone und manche Gäste haben das anfangs sogar belächelt, doch am Ende machten sie mit und fanden es toll.

Sei einfach mal wieder Kind! Wenn ich mit meinem inneren Kind in Berührung komme und mich daran orientiere, was ich schon als Kind gerne gemacht habe, dann ist das für mich die beste Grundlage, um kraftvoll und authentisch zu sein.

Beim Gänseessen musste ich damals übrigens auch raus aus meiner Komfortzone. Ich hatte bis dahin seit etwa zehn Jahren keine Gans mehr tranchiert und war etwas aus der Übung. Doch ich wusste: Wenn ich das von meinem Team verlangte, musste ich es auch tun können – und zwar so lange, bis es für mich wieder zur Selbstverständlichkeit wurde. Erst dann fing ich an zu delegieren. Alle durften mal ran, denn inzwischen war meine Tochter unterwegs und die nächste Gänsesaison musste leider ohne mich stattfinden, da sich unser Kind ausgerechnet den 11.11. als Geburtstermin ausgesucht hatte – den Start der Gänsesaison in der Schützen-Wirtin.

So wie du dich selber führst, führst du auch andere. Bevor du von deinem Team etwas erwartest, mach es zuerst selbst und bewerte deine Leute nicht nach dem, was sie vielleicht noch nicht können.

Egal, welche Rolle du innehast, durchbrich zwischendurch immer mal wieder die Hierarchien und gehe rein in die Praxis. Packe im Laden an der Kasse die Pullover ein, wasche in deinem Friseursalon auch mal wieder den Kunden die Haare, nimm einen Besen in die Hand und fege vor deinem Geschäft, räume in eurem Büro die Spülmaschine aus oder wasche ab. Und wenn du ein Event organisierst, unterstütze das Team beim Einlass oder an der Garderobe. Erledige einfach die Aufgaben, die für dein Team zur täglichen Routine gehören – nur so bleibst du mit deinen Leuten in Kontakt und sie haben das Gefühl, das du sie wirklich unterstützt. Mitarbeiter brauchen eine Führung auf Augenhöhe, jemanden, der versteht, wovon sie reden. Personalprobleme sind oft hausgemacht.

Bist du die Heldin, der Held für dein Team, sind deine Mitarbeiter begeistert und werden zu Fans der Organisation. Und wenn sie Fans sind, teilen sie deine Vision und kümmern sich um den Rest.

Was Helden und Chefs ausmacht – und trennt

Ein Chef sucht erst einmal nach der Lösung und analysiert dafür das Problem. Ein Held hingegen macht einfach und bringt andere dazu, die Lösung zu finden. Helden hören in Gesprächen genau hin und beobachten die Arbeitsweise der unterschiedlichen Menschentypen sehr aufmerksam. Sie sind darauf programmiert, aus jedem das Beste rauszuholen. Sie bauen dadurch, anders als ein klassischer, wesentlich distanzierterer Chef, eine emotionale Bindung zu ihren Mitarbeitern auf. Das bringt den großen Vorteil mit sich, dass alle Menschen im Betrieb dieselbe Vision teilen und in den »gemeinsamen Reisebus« einsteigen können. Die Freude der Mitarbeiter über diese Reise sorgt für eine intrinsische Motivation und führt im besten Fall zu einer langfristigen Bindung.

Ein Chef versteht sich in der Regel als Manager und gibt Anweisungen. Ein Held versteht sich als Teil des Teams und tut einiges: fordern, fördern und dienen. Wenn dein Team spürt, dass du dich aus Überzeugung und mit ganzer Leidenschaft einbringst, weil du deine Vision lebst, hast du automatisch einen ganz anderen Stellenwert für deine Mitarbeiter. Dann giltst du als Vorbild.

Viele Chefs haben heftige emotionale Ausbrüche; sie können ihre Gefühle und Befindlichkeiten nicht kontrollieren und reagieren auf alles, was sie sehen und hören, sofort und in der Gemütslage, in der sie sich gerade befinden. Das geschieht ohne Rücksicht auf Verluste. Meist tut ihnen das nicht einmal leid, und wenn doch, dann sind sie zu stolz, das zuzugeben, denn Chefs haben immer recht.

Helden dagegen haben ihre Emotionen im Griff, reflektieren permanent die Situation und überlegen, wie sie gemeinsam mit dem Team das Beste aus allem rausholen können. Du erinnerst dich bestimmt an die goldene Regel für diese Situationen: einatmen … ausatmen … und dann erst reagieren / handeln. Manche Betriebe haben dafür sogar Jammer- und Wutausbruchsräume eingerichtet oder hängen einen Box-Sack in den Keller. Auch eine schöne Idee! Ich habe zu meinen Mitarbeitern immer gesagt: »Wer sich aufregen muss oder jammern will, geht dafür bitte ins Kühlhaus.« Wer beides nicht hat, geht zum Runterkommen einfach kurz eine Runde spazieren und kommt anschließend entspannt ins Büro zurück.

Falls es doch mal zu Stimmungsverirrungen kommt, entschuldigen sich Helden oder sie machen es auf ihre Art und Weise wieder gut. Sie haben sich für ein klares Leitbild entschieden und gehen damit selbst konsequent und diszipliniert um.

CHEF versus HELD

Ein Chef gibt die Lösung vor und denkt für die anderen.	Ein Held bringt andere dazu, selber auf die Lösung zu kommen.
Ein Chef hält das Team an der kurzen Leine.	Ein Held lässt dem Team Entwicklungsspielraum.
Ein Chef sagt: »Nicht geschimpft ist gelobt genug.«	Ein Held reflektiert gemeinsam mit den Mitarbeitern und analysiert den Fehler.
Ein Chef stellt Mitarbeiter auch mal vor Kollegen oder Kunden bloß.	Ein Held steht immer *hinter* dem Team und übernimmt, wenn nötig, die Verantwortung für Fehler.
Ein Chef lässt seinen Emotionen manchmal freien Lauf.	Ein Held hat seine Emotionen unter Kontrolle.
Ein Chef ist meistens Manager und gibt Anweisungen.	Ein Held ist immer Teil des Teams.
Ein Chef ist zahlenorientiert.	Ein Held ist menschenorientiert.
Motto: Der wichtigste Satz ist der Umsatz.	Motto: Alles, was ich von anderen erwarte, muss ich zuerst vorleben.

#Merkwürdig

- Sei ein Vorbild auf fachlicher und noch viel wichtiger auf persönlicher Ebene.

- Mach andere groß.

- Verlasse regelmäßig deine Komfortzone und lerne selber so viel wie möglich dazu, damit du es deinem Team nicht nur theoretisch, sondern auch praktisch zeigen kannst. Nimm die Heldenrolle ein und nicht die übergeordnete.

- Arbeitest du in deinem Team mit, dann tu es auf Augenhöhe, indem du zwischendurch auch Aufgaben deines Teams übernimmst.

- Lass nicht den Chef raushängen.

- Bist du die Heldin, der Held für dein Team, sind deine Mitarbeiter begeistert und werden zu Fans der Organisation. Wenn sie Fans sind, teilen sie deine Vision und kümmern sich um den Rest.

- Helden sind darauf programmiert, das Beste aus jedem rauszuholen.

Menschen brauchen Klarheit & Transparenz

»Klarheit ist Wahrhaftigkeit in der Kunst.«
Marie von Ebner-Eschenbach

Unternehmen tun sich oft schwer damit, einen eindeutigen ZDE (Zweck der Existenz) zu formulieren – sozusagen die Kernaussage einer Firma. Oft liegt das daran, dass die Organisationen, Unternehmer, Leader und letzten Endes auch die Mitarbeiter nicht klar benennen können, wofür ihr Unternehmen eigentlich steht, was sie konkret anbieten oder was sie vom Markt abhebt.

Um sich diesem ZDE anzunähern, hilft die Beantwortung der von Nico Gundlach entwickelten fünf W-Fragen, die vorhin beim Thema Recruiting schon eingeführt wurden:

Die 5-W-Formel
Wer bist du?
Was ist dein Business?
Wie machst du es?
Was haben andere davon, bei dir zu arbeiten?
Was ist dein WOW? Was hebt dich von den anderen ab?

Denn bist du dir deiner Werte und deines WOWs bewusst, schafft dies eine Identifikation mit dem Unternehmen und macht es attraktiv für gute Mitarbeiter und zukünftige Machkräfte!

Auf zum Teamkodex

Genauso wichtig wie die gut formulierte Daseinsberechtigung deines Unternehmens ist die Transparenz und Klarheit im Team. Um diese zu erreichen, hilft ein Teamkodex, der das Fundament für erfolgreiches Wachstum bietet. Ohne einen solchen gemeinsam erarbeiteten Kodex kommt es immer wieder zu Missverständnissen und

Versäumnissen. Mitarbeiter trauen sich nicht, die Wahrheit auszu-sprechen, und viele Geschäftsführer sind in Coachings immer wie-der erschrocken, wenn sie erkennen, wie ihre Mitarbeiter eigentlich ticken.

Doch es gibt auch die Führungskräfte, die vor der gleichen Her-ausforderung stehen und nicht wissen, wie sie ihren Mitarbeitern sagen können, was sie stört bzw. was sie sich anders wünschen. Das endet dann oft so, dass sie so tun, als sei alles in Ordnung. Die Grün-de für dieses Vermeidungsverhalten sind vielfältig: weil sie sich nicht trauen, die Wahrheit auszusprechen, weil sie Angst haben, ih-ren Job zu verlieren, oder weil sie befürchten, dass der betroffene Mitarbeiter das Handtuch wirft.

Fatal ist es in jedem Fall. Denn »hintenrum« wird sowieso ge-tuschelt – und das umso mehr, je weniger offen gesprochen wird. Mobbing kann durchaus infolge fehlender Ehrlichkeit, mangelnder Klarheit und nicht vorhandener Transparenz vonseiten der Chef-etage entstehen.

Aus diesem Grund empfinden Mitarbeiter Meetings meist als Zeitverschwendung, weil sie glauben, dass sie ohnehin nichts sagen dürfen. Meistens sind es immer die gleichen, die reden: Die oder der Vorgesetzte hält einen Monolog und macht so jeden offenen Aus-tausch zunichte. Dabei sind Meetings so wichtig, denn sie bilden eine Grundlage für glückliches Arbeiten. Wenn sie gut laufen, lassen sich dort auch bislang unausgesprochene Themen ans Licht brin-gen, was oft mehr Leichtigkeit im Arbeitsalltag zur Folge hat.

Werte sind wichtig

Um eine gute Meeting-Kultur zu etablieren, braucht es zunächst ei-nen Blick auf die Grundbedürfnisse der Mitarbeiter. Es braucht ein Wertesystem, auf dem aufgebaut werden kann, eine Atmosphäre, in der jeder Mitarbeiter ansprechen darf, was er mit diesen Werten verbindet und warum ihm diese so wichtig sind. Es braucht einen Wertekodex. Alle Mitarbeiter müssen mit den darin vereinbarten

Werten einverstanden sein, das Team hält die Werte gemeinsam schriftlich fest. Warum wiederhole ich das ständig? Weil es wichtig und die Voraussetzung für erfolgreiche Teamführung ist.

Manchmal bietet es sich an, bei der Formulierung des Kodex die Hilfe einer externen Person in Anspruch zu nehmen, die das Meeting moderiert. Sie hat mehr Abstand zu den konfliktträchtigen Themen, die bei solchen Meetings auf den Tisch kommen und die von allen gemeinsam aufgelöst werden müssen.

Die Klarheit darüber, welche gemeinsamen Werte wir verfolgen, ist mindestens genauso wichtig wie ein Zieleplan.

Folgende Werte könnten in deinem Teamkodex stehen:

- Respekt
- Ehrlichkeit
- Pünktlichkeit
- Anerkennung
- Wertschätzung
- Hilfsbereitschaft
- 100 Prozent geben
- Teamspirit / Wir-Gefühl
- Freude und Spaß
- Loyalität

Dieser Kodex ist nicht in Stein gemeißelt und es kann immer etwas dazukommen. Alle neuen Mitarbeiter müssen in diesen Kodex eingeweiht werden und sich dazu committen. Das ganze Team könnte den Kodex zum Beispiel auf einem Plakat zusammenfassen, dieses schön gestalten und dann für alle gut sichtbar aufhängen.

Dieser Kodex ist nicht nur in der unmittelbaren Arbeitswelt sinnvoll, sondern auch in Workshops und Seminaren oder zu Hause innerhalb der Familie. Und er ist nicht meine Erfindung. Eine jeweils angepasste Version wird aktuell von vielen Kollegen und Organisationen verwendet. Ich selbst habe diese Art von Kodex schon über

1000 Mal angewendet und festgestellt, dass er die wichtigste Grundlage dafür ist, dass jede und jeder wirklich mitzieht und motiviert ist. Er bildet die Basis für eine klare und transparente Kommunikation, bei der jeder sich traut, seine Meinung zu äußern.

Gelungene Kommunikation

Letztendlich wollen wir doch alle wertschätzend behandelt werden. Ohne Bewertung. Ohne »richtig« und »falsch«. Jede und jeder sollte sagen dürfen, was ihr / ihm auf der Seele brennt. Denn sonst schleppen wir das mit uns herum. Es staut sich auf, wenn unser innerer Fahrstuhl regelmäßig hoch- und runterfährt, bis es irgendwann genug ist und wir explodieren. Das geschieht häufig in Situationen, in denen wir das überhaupt nicht brauchen können. Oft sind wir dann auch noch vorwurfsvoll und unser Gegenüber fühlt sich wie vor den Kopf gestoßen, weil sie / er in dem Moment die Welt nicht mehr versteht. Ja, es gibt immer zwei Wahrheiten. Aber wenn es mal zu einem richtigen Ausbruch kommt, fällt es schwer, zu beurteilen, welche die richtige Wahrheit ist.

In der gelungenen Kommunikation darf durchaus eine gewisse Leichtigkeit mitschwingen, damit die Arbeit und gemeinsame Meetings auch Spaß machen. Insgeheim wünschen sich alle Mitarbeiter eine klare und transparente Kommunikation, bei der jeder weiß, woran er ist. Alle sollten wissen, was gerade ansteht, welche Änderungen und Neuerungen es gibt und wie das Tagesziel definiert ist. Und es sollte möglich sein, gemeinsam Ideen zu entwickeln.

Spiel du als Machkraft den Ball immer ins Team zurück. Nur weil etwas für dich wichtig ist, heißt das noch lange nicht, dass es auch für das Team wichtig ist. Wenn du etwas Neues einführen oder ändern möchtest, erkläre deinem Team genau, warum dir das so wichtig ist. Menschen wollen verstehen, warum sie etwas tun sollen, brauchen Klarheit und manchmal auch klare Anweisungen, in denen das Ziel definiert ist.

In der Kommunikation gehen wir häufig von uns selbst aus. Wir denken, dass das, was uns guttut, automatisch auch anderen guttun muss. Was mich motiviert, motiviert auch die anderen. Doch noch einmal: Menschen wollen verstehen. Teile auch wirtschaftliche und betriebliche Änderungen klar und transparent mit deinem Team. Auch wenn es mal nicht so gut läuft und ihr euch in einer Krise befindet. Feiert nicht nur eure Erfolge, sondern begeht auch eure Misserfolge. Lass dein Team daran teilhaben. Reflektiert gemeinsam im Team: Was war gut und was kann besser laufen? Was können wir gemeinsam tun, um als Gewinner wieder gestärkt aus der Krise hervorzugehen?

Ein Vorbild dafür ist der Fußball (oder jede andere Teamsportart). Dort gibt es klare Regeln und einen Teamkodex, den alle konsequent durchziehen. Denn sie haben ein gemeinsames Ziel, das sie auch gemeinsam verfolgen – sie wollen gewinnen. Da ist kein Platz für Mobbing, jede und jeder wird wertgeschätzt für das, was sie oder er tut, und die eigene Begeisterung entfacht so viel Energie, dass auch andere sie spüren und zur FAN-Gemeinde werden. Der Teamerfolg basiert also auf Klarheit und Transparenz. Der Trainer gibt klar die Strategie vor und die große Vision ist für alle transparent. Und wenn es mal nicht so gut läuft, reflektieren alle gemeinsam, was zukünftig besser laufen kann.

Merkwürdig

- Sei dir deiner Werte und deines WOWs bewusst und kommuniziere das auch nach außen, denn das schafft eine Identifikation mit dem Unternehmen und macht es attraktiv für Mitarbeiter.
- Die Klarheit darüber, welche gemeinsamen Werte wir verfolgen, ist mindestens genauso wichtig wie ein Zieleplan.
- Ein Teamkodex bildet die Basis für eine klare und transparente Kommunikation, die sich alle Mitarbeiter wünschen.

Flexibler Ablauf, flache Hierarchien

»Das Geheimnis des Erfolgs ist,
den Standpunkt des anderen zu verstehen.«

Henry Ford

Du und deine Top-Leute, deine Machkräfte, sollten die notwendigen Verhaltensweisen Tag für Tag vorleben und somit ein Vorbild sein – und das KONSEQUENT und IMMER. Entwickelt gemeinsam das richtige Mindset, stellt zusammen einen Kodex auf, an den ihr euch stets und ständig haltet, denn sonst ändert sich nichts. Das alles funktioniert aber nur, wenn das persönliche Ego draußen bleibt und die Hierarchien flach gehalten werden. Warum?

Ein Credo für flache Hierarchien

Hierarchien sind gut, sie geben Struktur und jeder weiß, wer für welche Aufgaben zuständig und was genau zu tun ist. Doch strikte Hierarchien bergen auch immer ein Risiko. Statt sich gegenseitig zu unterstützen und ein Verständnis für die anderen Abteilungen und Positionen zu entwickeln, arbeitet jeder für sich und verliert dadurch den Blick fürs große Ganze.

Doch die besten Ideen entstehen bekanntlich dann, wenn man einfach mal die Perspektive wechselt. Doch das ist leider oft nicht erwünscht. Das habe ich schon in so vielen Branchen erlebt. Wenn ich zu den Führungskräften sage: »Frag doch mal dein Team«, heißt es oft: »Nein, die haben damit nichts zu tun. Die sollen sich um ihre Arbeit kümmern und nicht um (beispielsweise) Marketingthemen.« Ich denke dann immer: »Wie bitte? Warum ist das so? Wie kann man denn nur so verbohrt sein?«

Wenn ich das – etwas höflicher formuliert – auch so frage, bekomme ich einige interessante Antworten. Viele haben tatsächlich Angst, jemand könnte ihnen eine Idee klauen, oder sie wollen sich in ihre Vision nicht reinreden lassen. Je zugespitzter die Situation wird – weil zum Beispiel eine Eröffnung näher rückt oder eine Veröffentlichung rausmuss –, desto weniger Leute werden miteinbezogen. Da frage ich mich dann immer, ob die Mitarbeiter auch in Krisensituationen nicht miteinbezogen werden, weil ihre Chefs ihr Gesicht nicht verlieren wollen ...

Nahbar und flexibel sein

Menschen folgen Menschen, aber niemand ist perfekt – auch Machtkräfte nicht. Stell dir doch einmal selbst diese Frage: Folgst du lieber jemandem, der authentisch führt und nahbar ist, der Fehler zugibt und zeigt, dass auch sie oder er nicht perfekt und ein Teil des Teams ist? Oder folgst du eher jemandem, der immer perfekt und scheinbar gut drauf ist, der die genialsten Ideen mitbringt, sodass du selber nicht denken musst, und bei dem jeder nur auf seinem Posten arbeitet?

Wenn ich es mir genau überlege, ist es doch oft so, dass wir genau das bekommen, was wir ausstrahlen und denken. Die Pessimisten bekommen Menschen, die keine Lust haben, nicht aufrichtig sind und ständig Probleme wälzen. Optimisten bekommen häufig Menschen, die glänzen. Vielleicht tun sie das nicht immer mit ihrem Können, aber sie begeistern andere mit ihrer Herzlichkeit und ihrem gesunden Menschenverstand.

Es gibt immer Situationen, in denen wir richtig unter Druck geraten, in denen wir Stress haben und plötzlich im Tunnel sind und nicht mehr nach links und rechts schauen. In solchen Momenten werden viele zu Egoisten, sie handeln unfair und verlieren den Rundumblick, kurz: Sie fallen in den Low-Modus.

Ja, es gibt diese Tage, an denen wir nicht immer vorbildlich handeln. Aber gerade dann ist es wichtig, das Geschehen im Nachhinein, aus einer gewissen Distanz, gemeinsam mit dem Team zu betrachten, den Tunnel zu verlassen und zu überlegen, was beim nächsten Mal besser laufen kann. Was hat dich und die anderen in dem Moment gestört, wo hätte man sich Hilfe gewünscht?

Helft euch in diesen stressigen Situationen in den Abteilungen aus und seid flexibel, wenn es die Zeit erlaubt. Denn wenn ihr ein Verständnis für die Aufgaben der anderen aufbringt, entsteht weniger Stress und ihr bewegt euch weg vom Egoismus hin zur Hilfsbereitschaft.

Ein Beispiel für Flexibilität und Perspektivwechsel

Als ich mein Restaurant gemeinsam mit meinem Team aufgebaut und mit meiner damaligen Restaurantleiterin Julie einen Teamkodex aufgestellt hatte (100 Prozent Team – Einer für alle und alle für einen – Ehrlichkeit – Pünktlichkeit – Bitte, danke – Zuverlässigkeit – Spaß und Freude – Gute Laune usw.), wurde dieser zum Fundament für uns alle. Wir haben uns geschworen, dass wir diese Punkte konsequent leben würden, IMMER. Wenn sich einer nicht daran hielte, würden wir uns ehrliches, wertschätzendes Feedback geben. Außerdem haben wir uns Zusammenhalt gewünscht – ein Team, das so stark zusammenhält, dass Mitarbeiter, die nicht zu uns passten, keine Chance hätten und von selber wieder gehen würden.

Die Arbeitsteilung sah zunächst so aus, dass ich in der Küche war und Julie vorne im Service. Ich hatte zwar früher in der Küche gelernt, aber auch ich musste erst einmal Strukturen schaffen, Prozesse durchspielen und Abläufe planen, die wichtig waren – damit es im nächsten Schritt auch für andere Personen möglich war, in der Küche zu arbeiten. Zu der Zeit konnte ich mir noch keinen extra Koch leisten.

Was denkst du: Wann merkt man, ob es wirklich klare Strukturen gibt? In Stresssituationen, genau. Wenn wir uns über irgendetwas ärgern und wir – unter Druck – auch gerne mal überreagieren. Wenn das zu oft passiert, können manche nicht mehr atmen und fangen an zu schreien. Das wollte ich jedoch NIE!!! Das hatte ich mir nach meinen früheren Berufserfahrungen fest vorgenommen. Deshalb musste ich alles, was mich nervte und störte, aus der Welt schaffen. In der Küche lagen immer Zettel und Stift bereit; so konnte ich alles notieren, was mich störte und was geändert werden musste. Diese simple Methode habe ich dann später auch im Büro übernommen.

Zurück ins Restaurant: Eines Tages kam ein voll besetzter Reisebus vorgefahren, die Leute stiegen aus und kurze Zeit später lagen in der Küche 30 Bons. SEHR GERNE, dachte ich. Im Grunde sind 30 Leute kein Problem, aber wenn sie die Karte rauf und runter essen, wird das in der Küche dann vielleicht doch etwas eng; das wusste ich noch gut aus meinen Lehrjahren. Und ich wusste schon damals genau, dass es bei mir eines Tages anders – arbeitsteiliger und flexibler – laufen sollte.

Also habe ich, als alle Gäste schon etwas zu trinken hatten, Julie zu mir gerufen und gesagt: »Sag den Gästen, du bist kurz in der Küche. Wenn sie noch etwas wünschen, sollen sie bitte am Tresen klingeln.« Ich habe ihr dann alles angesagt, was sie machen sollte, damit wir die Gäste so schnell wie möglich glücklich machen konnten. »Viele Hände, schnelles Ende«, sag ich immer.

Ab diesem Tag durfte Julie, die jahrelang nur im Service tätig gewesen war, die Küchenabläufe lernen. Ich habe ihr das damals so erklärt: »Irgendwann, Julie, werden wir hier wieder einen Koch in einer ähnlichen Situation haben, dem du dann helfen kannst. Oder du stehst alleine in der Küche, dann brauchst du auch jemanden aus dem Service, der dir helfen kann.«

Julie hat mich angeschaut wie ein Auto und wäre am liebsten weggerannt, denn sie wollte eigentlich niemals in der Küche arbeiten. Ich habe sie dann drei Wochen lang eingearbeitet und entdeckt, dass sie privat sogar sehr gerne und gut kocht, nur eben im kleinen Rahmen. Wir haben dann gezielt daran gearbeitet, dass sie auch mehrere Essen gleichzeitig machen kann.

Am Anfang sah es so aus, als wäre in der Küche eine Bombe explodiert, aber ich habe immer gesagt: »Julie, ich schicke dir keinen Gast rein, mir ist es egal, wie es hier gerade aussieht, Hauptsache, das Essen geht lecker und schnell raus.« Das setzte sie dann auch so um. Und was haben wir gelacht! Mit der Zeit entwickelte sie selbst den Ansporn, besser zu werden, sich optimal zu organisieren, und schmiss dann irgendwann auch die Küche alleine. Sie konnte wiederum neue Leute anlernen und so arbeiteten wir in einem flexiblen System, in dem wir nicht von irgendjemandem abhängig waren, geschweige denn von Hierarchien.

Durch diese flexiblen Abläufe und flachen Hierarchien wuchs das Verständnis der jeweiligen Abteilungen und Mitarbeiter füreinander. Jeder konnte aus seiner Erfahrung heraus Anregungen liefern und Vorschläge machen, was man besser machen bzw. optimieren könnte, damit es für alle noch einfacher würde und mehr Spaß machte. Wir haben uns während dieser vier Jahre zusammen so gut organisiert, dass jeder innerhalb von zwei Minuten in der Küche starten konnte. Es hatte alles seinen Platz, fast wie in einem Franchisesystem.

Alle für einen und umgekehrt

Natürlich können bei dieser Arbeitsweise auch Fehler passieren. Wenn ein Mitarbeiter aus deiner Abteilung einen Fehler macht, müssen wir als Machkräfte erstens immer die Konsequenzen ziehen und zweitens auch die Verantwortung übernehmen. Wie es das Wort Ver-ANTWORTung schon sagt, steckt da das Wort »Antwort« drin, das heißt ganz klar, dass wir keinen Schuldigen suchen, sondern immer Antworten suchen. Das ist unsere Aufgabe.

Das kann man durchaus auf verschiedene (wenn auch nicht auf alle) Branchen übertragen. Meines Erachtens ist es Blödsinn, zu glauben, dass wir nur eine Sache gut machen, nur weil wir uns für diese eine spezielle Position beworben haben. In jedem steckt noch so viel mehr Potenzial, das dürfen wir auch entfalten. Der große Vorteil dieses flexiblen Ansatzes besteht auch darin, dass dadurch großes Vertrauen, Sicherheit und die Wertschätzung jedem Kollegen gegenüber entstehen.

Virgin-Gründer Richard Branson schreibt: »Es gibt sicherlich Parameter, die ein Business am Laufen halten. Aber Unternehmertum folgt keiner Formel. Es ist immer im Fluss, eine sich verändernde

Substanz.« Gemeint ist Agilität – Führung fußt auf Teamgeist, Ideenaustausch und Kommunikation auf Augenhöhe.

Ich gebe dir noch ein Beispiel aus der Modebranche: Mein Freund Clint Böttcher, damals Geschäftsleiter, wollte mit seinem Abteilungsleiter eine Verkaufsfläche umbauen. Der Hintergrund war die schlechte Flächenproduktivität einer bestimmten Marke auf einer vorgeschriebenen Fläche. Zu allem Überfluss war auch noch die Inventurdifferenz in diesem Bereich sehr hoch.

Doch trotz ihrer jahrelangen Erfahrung im Handel hatten weder Clint noch sein Abteilungsleiter eine zündende Idee, wie sie die Verkaufsfläche optimieren könnten. Sie machten zwar Zeichnungen, wie gewisse Änderungen in der Praxis bzw. auf der Fläche umgesetzt werden könnten, doch das Ergebnis stellte sie nicht zufrieden.

Am Ende der Woche standen die beiden noch einmal zusammen, um einen letzten Versuch zu unternehmen. Dass es dann doch noch eine gute Lösung gab, verdanken sie einem glücklichen Zufall. Ein Handwerker, der im Haus gerade einen neuen Shop eingebaut hatte, benötigte für die finale Abnahme eine Unterschrift vom Geschäftsleiter. Clint nutzte die Gelegenheit, sich noch eine weitere Meinung anzuhören, und erklärte dem Handwerker kurz die Problematik des Shops mit der hohen Inventurdifferenz.

Wie das Leben so spielt, hatte genau dieser Handwerker den Shop einige Jahre zuvor eingebaut und sich schon damals über den einen oder anderen Aspekt gewundert. Er fand den Shop extrem unübersichtlich – was in der Praxis dann auch tatsächlich vermehrt zu Diebstählen und der hohen Inventurdifferenz auf der Verkaufsfläche geführt hatte.

Der Handwerker bot dann spontan an, den Shop sofort zu verändern, sichtlich davon angetan, dass seine Idee Jahre später doch noch Gehör fand. Und so wurde es auch gemacht. Für beide Seiten war es eine Win-win-Situation. Und Clint war genauso wie sein Abteilungsleiter um eine Erfahrung reicher. Er ist sich nie zu schade, Menschen um Rat zu fragen, egal, in welcher Position sie sich befinden oder in welcher Abteilung sie arbeiten. Getreu dem Motto »Die beste Idee entscheidet« muss man an geeigneter Stelle auch mal sein Ego zurücknehmen können.

Merkwürdig

- Die besten Ideen entstehen bekanntlich oft, wenn du die Perspektive wechselst.
- Helft euch in stressigen Situationen in den Abteilungen aus und seid flexibel, wenn es die Zeit erlaubt.
- Viele Hände, schnelles Ende.
- Arbeite in flexiblen Systemen und mach dich nicht abhängig.
- Durch flexible Abläufe und flache Hierarchien wächst das Verständnis der jeweiligen Abteilungen und Mitarbeiter füreinander.
- In jedem steckt noch so viel mehr Potenzial, das dürfen wir auch entfalten.
- Sei offen für Ideen deines Teams. Damit die beste Idee entscheidet, muss man an geeigneter Stelle auch sein Ego zurücknehmen können.

Keine Bewertungen

»Die Welt urteilt nach dem Scheine.«

Johann Wolfgang von Goethe

Wir neigen (leider) dazu, ständig zu bewerten. Viele erinnern sich bestimmt noch an ihre Schulzeit und später an Ausbildung und Studium – und daran, dass es, insbesondere in der Schule, eher darum ging, was schlecht war. Das hat die Art und Weise, wie wir selbst bewerten, sicherlich beeinflusst.

Wir bewerten, ob jemand in ein bestimmtes System passt. Wir bewerten andere nach ihrem Aussehen, wie sie reden, essen, sich bewegen, sich kleiden. Schon in der ersten Sekunde, in der wir jemanden wahrnehmen, ob offline oder online, gehen wir in die Bewertung.

Um noch einmal auf Steve Jobs zurückzukommen: Er war wohl einer der härtesten Recruiter überhaupt. Und natürlich wollte er Menschen, die für Apple wirklich etwas bringen. Er suchte Markenbotschafter – Menschen, die für das brennen, was sie tun. Für ihn zählte nur eines – die Begeisterung! Natürlich hatte er ein klar durchdachtes Leitbild, wie die Mitarbeiter das Unternehmen repräsentieren sollten. Um herauszufinden, ob ein Bewerber das in seinem Sinne machen konnte, stellte er ihm zum Beispiel die Frage: »Stellen Sie sich vor, Sie würden auf einer Bühne das neue iPhone präsentieren. Wie würden Sie das tun?«

Genau diese Vorstellung wollte er bei den Menschen erleben und sehen – in den Augen, in der Ausstrahlung. Er fragte nicht nach Bewerbungsunterlagen. Ihn interessierten weder Schulnoten oder Zeugnisse noch irgendwelche Denksportaufgaben. Ihm war die Art wichtig, wie die Menschen dachten. Supersympathisch der Mann, finde ich. Endlich mal einer, der den Leuten eine Chance gibt, sie selbst zu sein.

Ich war in so vielen Fächern in der Schule schlecht und es störte mich sehr, dass wir immer nur in Form von Noten bewertet wurden, die der Lehrer in sein System eintrug. Das Zwischenmenschliche, die soziale Kompetenz und alles, was man unter der Bezeichnung »Soft Skills« zusammenfassen kann, blieb meiner Meinung nach auf der Strecke. Deshalb ist mir gerade das heute so wichtig und ich schaue lieber in die Herzen der Menschen und nicht auf den äußeren Schein und die Schale.

Mittlerweile gebe ich fast jedem Bewerber eine Chance, weil ich mir denke: Ich kenne die Vergangenheit dieses Menschen nicht, also habe ich nicht das Recht, ihn nach seinem rein äußerlichen Ist-Zustand zu bewerten. Vielleicht will sie oder er sich ändern und ist bereit, dafür einiges zu tun. Also gebe ich diesem Menschen die Chance, sich zu beweisen und das Beste aus seinem Leben zu machen. Und wenn er das, was seine Erfüllung ausmacht, dann noch in unserem Betrieb findet, freue ich mich umso mehr. Ich habe auf diese Art und Weise schon so manche echten Machkräfte entdeckt! Außerdem tue auch ich mir als Machkraft etwas Gutes. Ich gebe mir die Chance, mich von Menschen überraschen zu lassen, und lasse die Herzen sprechen.

Dazu passt auch die Geschichte, die mir mein Freund Clint Böttcher, heute Manager bei der Kaufhauskette Kastner & Öhler in Graz, erzählt hat. In der Regel hat die Firma einen eigenen Recruitingprozess, den jede Bewerberin und jeder Bewerber durchlaufen muss. Als der Personalbedarf im Verkauf einmal sehr groß war, wurden auch Menschen eingeladen, die bislang wenig oder noch nie mit dem Verkauf zu tun hatten bzw. die aus einer anderen Branche kamen.

In dieser angespannten Situation lud Clint eine Bewerberin zum Gespräch ein, die zwar branchenfremd war, aber diesen unbedingten Willen hatte, bei Kastner & Öhler zu arbeiten. Sie machte einen netten Eindruck, hatte aber fachlich kaum Erfahrung, da sie das Verkaufen nie wirklich gelernt hatte und Themen wie Warenkunde oder Markenprofile schwach ausgeprägt waren. Clint gab ihr dennoch die Chance, sich zu beweisen, da ihn ihr starker Wille beeindruckt hatte.

Am ersten Tag im Job wurde die neue Mitarbeiterin von einem Mystery Shopper bewertet. Das Haus nutzt diesen externen Service, um den Servicegrad permanent zu prüfen und zu verbessern. Zudem erkennt man so recht schnell, wer vielleicht noch bestimmte Schulungen benötigt und wer generell unterstützt werden muss. Die neue Mitarbeiterin wusste von den Testkäufern im Haus noch nichts, da ihre komplette Einarbeitung und der Welcome Day erst noch stattfinden sollten.

Das Ergebnis des Mystery Shoppings überraschte alle. Diese Verkäuferin, die unter anderen Umständen aufgrund ihrer fehlenden fachlichen Kenntnisse nicht eingestellt worden wäre, hatte von allen Fachkräften am besten abgeschnitten, und das mit 100 Prozent! Nicht nur in puncto Freundlichkeit, auch bei der Beratung und den Zusatzverkäufen war sie ganz vorne. Das bescherte allen Führungskräften im Verkauf einen echten WOW-Effekt und war wieder einmal der Beweis dafür, dass wir Menschen nicht gleich in eine Schublade stecken dürfen und sie so womöglich falsch bewerten. Jeder, der den Willen hat, sich im Job einzubringen, hat eine Chance verdient!

Merkwürdig

- Wir kennen die Vergangenheit der Menschen oft nicht, also haben wir nicht das Recht, sie nach ihrem rein äußerlichen Ist-Zustand zu bewerten.
- Beurteile einen Menschen nicht nach seiner Kleidung oder anhand eines Papierstücks, du weißt nie, welches Potenzial in ihm schlummert.
- Schaue in die Herzen der Menschen und nicht nur auf den äußeren Schein und die Schale.

Freiraum für Fehler

»Ein kluger Mann macht nicht alle Fehler
selbst. Er gibt auch anderen eine Chance.«
Winston Churchill

Eine gesunde Fehlerkultur ist enorm wichtig. Die meisten Menschen haben Angst davor, einen Fehler zu machen, und Angst lähmt die persönliche Weiterentwicklung. Ich denke, jeder hat schon mal einen Fehler gemacht, an den er sich besonders gut erinnert, weil er danach so richtig zusammengestaucht wurde und sich entsprechend mies fühlte.

Ich kann mich auf jeden Fall an einige solcher Erlebnisse erinnern. Selbst in meiner Führungsrolle hatte ich lange eine so große Angst davor, etwas falsch zu machen, dass ich innerlich permanent in Habachtstellung war. Das kostet natürlich enorm viel Energie; durch diese innere Anspannung wirkte ich nach außen immer sehr ernst. Ich konnte nicht ich selbst sein, war nicht authentisch und einfach nicht locker. Stell dir vor, du bist die ganze Zeit im Kampfmodus, weil der Säbelzahntiger dich jeden Moment angreifen könnte! Langfristig hat diese permanente Anspannung auch Auswirkungen auf unsere Gesundheit, da unser Körper durchgehend arbeitet. Aber weshalb haben wir diese Angst?

So soll es nicht (mehr) sein

Viele von uns sind mit der Erfahrung aufgewachsen, dass Fehler etwas Negatives sind und daher unbedingt vermieden werden müssen. Manche Menschen lachen auch über die Fehler von anderen, sie sind schadenfroh, auch weil sie in dem Moment einfach besser dastehen. Andere – insbesondere Chefs der alten Schule – reagieren auf Fehler ihrer Mitarbeiter mit Wut und Ärger, sie werden laut und machen den Betroffenen auch gerne öffentlich zur Schnecke.

Die Menschen, die so auf Fehler reagieren, haben meiner Meinung nach so wenig Selbstbewusstsein, dass ihnen die Missgeschicke anderer fast schon gelegen kommen. Schließlich wertet sie das aus ihrer Sicht selbst auf, wenn auch nur für eine kurze Zeit. Diese Menschen werden in puncto Fehlerkultur immer ein Teil des Problems sein. Sie sorgen für schlechte Stimmung, in der Mobbing im Team begünstigt wird, weil sich jeder von den anderen, die Fehler machen, abgrenzen möchte und gerne über sie herzieht. In einer solchen Atmosphäre mangelnder Wertschätzung wird die Unzufriedenheit bei den Mitarbeitern bald sehr groß sein.

Think positive!

Fehler passieren immer dann, wenn Entscheidungen getroffen werden müssen oder jemand Eigeninitiative ergreift. Es ist doch so: Wer nichts macht, macht nichts verkehrt! Wichtig ist, wie wir zu unseren Fehlern stehen, oder?

Wir können uns immer entscheiden, und zwar ob wir etwas generell negativ sehen oder positiv. Ich habe mich dazu entschieden, alles POSITIV zu sehen, und mein Mindset ist so programmiert, dass alles immer FÜR uns passiert und seinen Sinn hat. Besonders dann, wenn etwas nicht so gut läuft, ist es wichtig, herauszufinden, weshalb ein Fehler passiert ist – und wie wir gemeinsam, im Team, dafür sorgen können, dass dieser Fehler sich nicht wiederholt.

Fehler haben immer etwas Positives, es sind wichtige Erfahrungen, aus denen wir wertvolle Erkenntnisse ziehen, etwas lernen und am Ende erfolgreich sind. Fehler passieren überall da, wo Menschen sind und handeln. Wenn einem meiner Mitarbeiter ein Fehler unterlaufen ist, dann sage ich gerne liebevoll: »Heute ist dein Glückstag, denn du wurdest auserwählt.« Es gibt sogar Firmen, die den Fehler des Monats feiern und ein richtiges Event daraus machen.

Die Einstellung ändern

Nimm für dich, dein Team und deine Organisation an, dass Fehler etwas ganz Wunderbares sind. Ohne sie fokussieren wir uns nicht auf Lösungen. Wir müssen Fehler machen, um nach neuen Lösungen zu suchen, denn sonst entsteht Stillstand. Es ist wichtig, Fehler zu analysieren und in der Folge auch mal Althergebrachtes zu optimieren. Wenn du sie als »Helfer« ansiehst, können daraus grandiose Ideen entstehen.

Die Voraussetzung für einen solchen Lernprozess ist, dass ihr, du als Machkraft und derjenige, dem der Fehler passiert ist, euch eingesteht, dass ihr den Fehler *gemeinsam* gemacht habt. Denn ihr habt euch schließlich dazu committet, ein Team zu sein – zu 100 Prozent und das IMMER, wenn ihr im besten Fall einen Teamkodex lebt.

Sei dankbar für jeden Fehler, der passiert. Einer wird diesen Fehler machen. Wenn Herr Müller den Fehler nicht begangen hätte, dann wäre es vielleicht Frau Mayer gewesen. Wichtig: Schaut, was ihr gemeinsam daraus lernen könnt.

Wenn die oder der Vorgesetzte den »Übeltäter« hingegen anschreit, wird der sich verhalten wie ein trotziges Kind, und das führt zu gar nichts. Geh du als Machkraft immer wertschätzend mit der Person um, der dieser Fehler passiert ist. Denn in der Regel werden Fehler nicht mit Absicht gemacht.

Drei Fragen, die du sofort stellen solltest, wenn ein Fehler passiert ist:

1. Wieso ist der Fehler passiert?
2. Was lernen wir daraus?
3. Wie können wir sicherstellen, dass dieser Fehler nicht noch einmal passiert?

Denke in Lösungen, nicht in Problemen. Wenn jemand ein Problem erkannt hat und nichts zur Lösung des Problems beiträgt, ist er selbst ein Teil des Problems.

Mein Freund Nico Gundlach kann nach knapp 20 Jahren Selbstständigkeit viele Geschichten darüber erzählen, welche Fehler er oder sein Team gemacht hat. Er muss heute darüber lachen und sagt selbst: »Wir haben, glaube ich, alle Fehler gemacht, die man machen kann. Haben daraus gelernt, sie reflektiert mit dem Team und sogenannte Templates eingeführt, sodass das System so sattelfest geworden ist, dass heute so gut wie keine Fehler mehr passieren.« Mittlerweile sind sie mit ihrer Kreativagentur »Bestes Pferd im Stall« Marktführer in Deutschland.

Vor Jahren ist einem seiner Mitarbeiter ein wirklich großer Fehler passiert. Die Agentur hatte einen Großkunden, für den sie exklusive Broschüren erstellte. Der Kunde legte großen Wert auf die Qualität des Designs und des Layouts und nicht zuletzt auf hochwertiges Material. Er hatte ganz genaue Vorstellungen davon, wie es sich anfühlen sollte, wenn jemand diese Broschüre in der Hand hielt. Er wollte dickes, festes Papier, das sich gut anfühlte.

Der Mitarbeiter war dafür verantwortlich, das fertige Layout mit allen Farbbezeichnungen und auch der Angabe der Papierstärke an die Druckerei zu schicken. Dabei hatte er aus Versehen ein 80 Gramm starkes Papier gewählt, was der Qualität von Kopierpapier entspricht. Die Auflage von über 10 000 Stück wurde so gedruckt und anschließend direkt an den Kunden geschickt. Als der das Paket aufgemacht hatte und den ersten labberigen Flyer in der Hand hielt, rief er sofort wutentbrannt bei der Agentur an. Er schrie so laut durchs Telefon, dass alle im Büro mitbekamen, worum es ging.

Nico handelte schnell. Die Broschüren wurden noch einmal neu und diesmal richtig in Auftrag gegeben. Das Ganze kostete ihn 70 000 Euro. Aber es gab keine andere Möglichkeit; schließlich wollte er diesen Kunden – der übrigens bis heute ein wertvoller Kunde ist – nicht verlieren. Finanziell war das wirklich ein harter Brocken, und es war damals nicht so, dass die Agentur das locker leisten konnte. Für Nico und sein Team stand wirklich enorm viel auf dem Spiel! Doch sie wussten, dass es langfristig Erfolg bringen würde, wenn sie jetzt die Extrameile gingen und dem Kunden als Team zeigten, dass sie es mehr wollten als jeder andere.

Jetzt fragst du dich bestimmt, was aus dem Mitarbeiter wurde, der den Fehler begangen hatte. Der war ein Häufchen Elend, er wusste ja selbst ganz genau, was er angerichtet hatte. Nico sagt, es bringt nichts, in so einem Moment laut zu werden oder mit Vorwürfen zu kommen. Das schlechte Gewissen ist meistens schon »Strafe« genug.

Klar gibt es auch Chefs, die einen Mitarbeiter nach so einer Aktion sofort rausschmeißen würden. Nico hat das bewusst nicht getan. Er wusste ja, was er an diesem Mitarbeiter hatte: »Die Arbeit, die er sonst macht, ist sehr gut, und auch menschlich passt er gut rein.« Was haben er und sein Team stattdessen gemacht? Sie haben den Kunden und den gesamten Auftragsprozess reflektiert und analysiert und haben gemeinsam daran gearbeitet, was sie als Team in Zukunft besser machen können. Heute sehen sie den Fehler als Chance.

Nico ist wirklich jemand, der sein Team vorbildlich »FANomenal« führt, und das mit Erfolg. Er sagt: »Keiner macht Fehler absichtlich. Es ist wie beim Fahrradfahren. Als ich meinen Kindern das Fahrradfahren beigebracht habe, war das auch anstrengend. Zuerst hältst du sie noch fest und begleitest sie, dann lässt du langsam los und lässt sie alleine fahren, bis sie mehrmals hingefallen sind und sich Verletzungen zugezogen haben. Dann habe ich sie wieder unterstützt, damit sie eine andere Technik benutzten, und wir versuchten es wieder. Bis sie eines Tages wirklich konzentriert alleine fahren, keine Fehler mehr passieren und sie immer mehr PS auf die Straße bringen.«

Ich denke, einige können sich an Nico, der zu 100 Prozent hinter seinem Team steht, ein Beispiel nehmen. Er hat ihm so viel Wertschätzung, Freiräume und Vertrauen geschenkt, dass er es heute zigfach von seinen Mitarbeitern und Kunden zurückbekommt.

Also, trau dich und schenke deinem Team den Freiraum, damit jeder Einzelne seine Bedürfnisse entdecken und ausleben kann.

Dass dabei Fehler passieren, gehört einfach dazu. Fördere die Stärken der Teammitglieder und unterstütze sie dabei, noch besser zu werden. Verharre nicht in der Vergangenheit und blicke immer positiv in die Zukunft, denn dann werden sie dich lange auf deiner Reise begleiten.

Fehler machen ist menschlich, doch seine eigenen Fehler nicht zu akzeptieren, ist der größte Fehler. Steh dazu, öffentlich und vor dem Team. Fehler haben immer etwas Positives, denn sie helfen uns dabei, zu wachsen, und wir lernen aus ihnen. Mir sind zum Glück auch viele Fehler unterlaufen, die mich stärker und größer gemacht haben.

Merkwürdig

- Fehler entstehen immer dann, wenn Entscheidungen getroffen werden oder jemand Eigeninitiative ergreift.
- Durch Fehlschläge werden wir erfolgreicher.
- Nimm für dich, dein Team und deine Organisation an, dass Fehler etwas ganz Wunderbares sind. Denn ohne diese fokussieren wir uns nicht auf Lösungen. Wir müssen Fehler machen, um nach neuen Lösungen zu suchen, denn sonst entsteht Stillstand.
- Durch Fehler entstehen Erfahrungen, aus denen wir lernen.
- Keiner macht Fehler absichtlich.
- Fehler machen ist menschlich, doch seine eigenen Fehler nicht zu akzeptieren, ist der größte Fehler.
- Fehler haben immer etwas Positives, denn sie helfen uns dabei, zu wachsen, und wir lernen aus ihnen.

Sinn – Warum komme ich zur Arbeit?

»In dem Augenblick,
in dem ein Mensch den Sinn
und den Wert des Lebens
bezweifelt, ist er krank.«
Sigmund Freud

Heutzutage geht es im Job nicht mehr vorrangig um Geld oder Status. Das ist alles nice to have, aber was für die meisten tatsächlich im Vordergrund steht, ist der Sinn ihres Tuns. Es geht um Resultate. Es geht um Leidenschaft. Und um die Frage: Wozu mache ich eigentlich diesen Job? Wozu stehe ich jeden Tag auf? Warum führe ich? Die Antwort auf diese Fragen entscheiden, ob ein Mitarbeiter – ob »normaler« Angestellter, Mittelbau oder Leader – sich bei einem Unternehmen wohlfühlt oder nicht.

Die Sicht der Mitarbeiter

Natürlich gibt es Menschen, die schon immer wussten, was sie wollen, die sich instinktiv für die richtige Ausbildung und das passende Unternehmen entschieden haben und deren Motivation ganz aus ihnen selbst kommt. Doch das sind die Ausnahmen. Mir geht es hier um die Mehrheit der Mitarbeiter, deren intrinsische Motivation nur schwach ausgeprägt oder gar nicht vorhanden ist und die jemanden brauchen, der sie motiviert – und zwar so, dass sie auch die Gründe für ihr Handeln verstehen. Den Mitarbeitern muss klar sein, wieso sie bestimmte Dinge tun sollen.

Ich vergleiche das gerne mit der Situation in der Schule. Wenn ich früher Hausaufgaben machen sollte, die ich nicht verstanden habe, habe ich automatisch eine Abwehrhaltung eingenommen. Die Lehrer wollten, dass wir selbst darauf kommen, und das war anstrengend. Ich habe mir immer gewünscht, dass die Lehrer mich auf dem

Weg zur Lösung der Aufgaben begleiten. Aber wir wurden damit zu Hause alleinegelassen und aus der Not heraus habe ich wieder nur alles auswendig gelernt. Das hat dazu geführt, dass ich die Aufgabe zwar erfüllt, aber den Sinn dahinter nicht verstanden habe. Bekam ich aber eine Motivation von außen, hat es mir also eine Lehrkraft oder später ein Ausbilder so erklärt, dass ich es auch verstanden habe, war es für mich logisch und ich im Flow.

Es gibt ganz verschiedene Typen von Mitarbeitern, bei denen ich als Machkraft das Gefühl habe, dass sie und ihr Job, ihre Aufgabe nicht eins sind. Manche antworten auf eine Frage einfach irgendetwas und du denkst dir: In welcher Welt lebt der denn? Hat er die Frage nicht verstanden? Dieser Mitarbeitertyp zieht sich dann gerne still zurück und lässt den anderen den Vortritt, oft aus Angst vor Konsequenzen.

Andere Mitarbeiter sagen schnell »Ja, ja« zu einer Aufgabe und machen dann das genaue Gegenteil. Manche würden am liebsten im Boden versinken, wenn du in die Runde fragst, ob jemand eine bestimmte Aufgabe übernehmen könnte – vermutlich weil sie die Aufgabe nicht verstanden haben und sich nicht trauen, nachzufragen. Und dann gibt es die Übereifrigen, die einfach machen, ohne nur eine Sekunde darüber nachzudenken, was sie da tun. Zu guter Letzt haben wir es mit den total unmotivierten Mitarbeitern zu tun, die sich montags schon auf Freitag freuen, die von einem Urlaub zum nächsten planen und denen das Wochenende immer zu kurz ist.

Den Schalter umlegen

So ungleich diese Menschen auf den ersten Blick auf uns wirken, haben sie doch eines gemeinsam: Diese Mitarbeiter sehen offenbar keinen Sinn hinter ihrer täglichen Aufgabe. Doch ohne einen Sinn geht es nicht! Mitarbeiter wollen verstehen, warum eine Aufgabe wichtig ist. Menschen neigen dazu, den Loop zu schließen, sie wollen den Kreis vollenden. Sie wollen verstehen, warum sie etwas tun. Doch der ganz persönliche Sinn des Leaders deckt sich oft nicht mit dem der anderen. Mitarbeiter wollen natürlich am liebsten selbst auf die Idee kommen, warum das, was sie gerade machen sollen, so nützlich ist. Doch das geht nicht immer und deshalb ist die Kommunikation so zentral. Ich sage immer: »Wenn du nicht mit den anderen kommunizierst, kannst du auch mit einer Wand reden, die weiß morgen genauso wenig, wie es funktioniert und warum genau unser Produkt für den Kunden gut ist.«

Wenn der Mitarbeiter für sich erkennt, dass eine Aufgabe wichtig ist und er damit einen Beitrag zum Erfolg leisten kann, wird er automatisch eine andere Motivation entwickeln. Dieser Moment der Erkenntnis ändert auch die Sicht auf seine gesamte Arbeit. Der Mitarbeiter weiß nun, wie er seinen Teil zum großen Ganzen beitragen kann, und entwickelt seine eigene Leidenschaft. Es ist doch so: Sobald wir spüren, dass wir Teil des Ganzen sind und unser Dasein einen Sinn hat, können wir uns auch persönlich weiterentwickeln und an den Aufgaben wachsen. Dann machen wir unsere Arbeit auch mit Freude und gehen die Extrameile gerne.

Es ist aus meiner Sicht ganz klar die Aufgabe einer Machkraft, Hilfestellung zu leisten und verschiedene Wege aufzuzeigen, damit der Mitarbeiter selbst auf die Lösung kommt und den Sinn hinter der Aufgabe oder der Anweisung versteht. Letztendlich wird ihm so auch der Sinn seiner Position klar. Genauso wichtig ist es, ihm das Ziel vorzugeben. Wie soll das Resultat aussehen und bis wann soll es fertig sein? Jeder hat eine individuelle Auffassung von Zeit.

Die Zeiten, in denen Arbeit Mittel zum Zweck war und es nur darum ging, die Familie zu ernähren, sind lange vorbei. Heute sieht das anders aus, denn Mitarbeiter wünschen sich:

- ein klares Leitbild
- Erfüllung in ihrem Tun
- zu wissen, wozu sie jeden Tag aufstehen
- eine Philosophie der Organisation, für die sie gemeinsam stehen
- eine gute Balance zwischen Arbeit und persönlicher Weiterentwicklung

Die Arbeitsatmosphäre spielt bei alldem eine wichtige Rolle. Doch was ist eine gute Arbeitsatmosphäre? Wie sollen wir allen gerecht werden? Jeder hat doch andere Bedürfnisse, oder? Ganz genau, und es ist deine Aufgabe als Machkraft, diese herauszufinden.

Noch einmal: Es geht dabei nicht um Luxus, also um materielle Dinge. Es geht darum, das Herz deiner Mitarbeiter zu erobern. Klingt pathetisch, ist aber so. Ohne eine gefühlsmäßige Bindung an das Unternehmen wird es keine echte Bindung geben!

(Um)wege zum Glück

Ich möchte dir dazu die Geschichte von unserem Koch Fritz erzählen, die sich vor einigen Jahren ereignet hat. Fritz war ein super Koch: sehr belastbar und fleißig, zuverlässig und kreativ. Eines Tages fragte er mich, ob er noch mehr arbeiten könnte oder ob es möglich sei, zusätzlich woanders zu arbeiten. Ich fragte ihn, warum er das tun wollte. Er war doch bei uns schon ausgelastet und hatte wenig Zeit für seine Frau und seine kleine Tochter. Er gestand mir, dass seine Frau ihn gerade unter Druck setzte, mehr Geld nach Hause zu bringen. Die Familie erwartete ein zweites Kind und brauchte eine größere Wohnung. Und da seine Frau zukünftig nicht mehr arbeiten konnte, musste das zusätzliche Geld von ihm kommen.

Wir einigten uns darauf, dass Fritz einen zusätzlichen Tag bei uns arbeiten würde. Er versprach mir, auch bei Mehrarbeit weiter 100 Prozent zu geben, und wir beschlossen, gemeinsam zu schauen, ob das gut ging. Ehrlich gesagt hatte ich da meine Zweifel, denn es war mir wichtig, dass jeder im Team seinen privaten Ausgleich fand. Nach ein paar Wochen merkten das Team und ich, dass Fritz körperlich abgebaut hatte, regelmäßig zu spät kam und nach Alkohol roch. Er versuchte, sich nichts anmerken zu lassen, und stand sechs Tage die Woche seinen Mann in der Küche. In der Hauptsaison wurde leider auch seine Leistung immer schlechter – und das Team unzufriedener, denn teilweise mussten andere für ihn mitarbeiten, seine Launen aushalten und seine Fehler ausbügeln.

Der Abteilungsleiter suchte dann im Vertrauen das Gespräch mit mir und sagte, dass es so nicht mehr weitergehen könnte. Der Koch sei eine Zumutung für die Stimmung im Team. Anschließend vereinbarte ich ein persönliches Gespräch mit Fritz.

Ich fragte ihn erst einmal, wie es ihm ginge. Er war ehrlich und gab zu, dass er sich sehr schlecht fühlte und er dem Druck von zu Hause und bei der Arbeit nicht mehr standhalten konnte. Mehr Geld nach Hause zu bringen war das »Warum«, der Grund, weshalb er jeden Tag aufstand, obwohl er dachte, er würde gleich zusammenbrechen – bis er merkte, dass er nicht mehr wusste, wozu er das machte. Um krank zu werden oder gar schlimmer, um dann letztendlich gar nichts mehr von seiner Familie zu haben? Auch die Arbeit selbst machte ihm keinen Spaß mehr.

Da Fritz keine Unterstützung mehr für das Team war und seine Leistung immer schlechter wurde, trennten wir uns auf unbestimmte Zeit. Fritz hatte übrigens selbst erkannt, dass wir die Reißleine ziehen mussten. Das Team war dankbar für diese Entscheidung, die Mitarbeiter atmeten auf, und so kam wieder mehr Leichtigkeit in die Arbeitsatmosphäre. Nach etwa drei Wochen kam Fritz vorbei, um einen Kaffee zu trinken, und fragte höflich, ob er wieder arbeiten dürfte. Die Mitarbeiter am Tresen erwiderten genauso höflich: »Im Moment haben wir keinen Bedarf.« Sie fragten ihn aber, ob er es zu einem anderen Zeitpunkt noch einmal versuchen wollte.

Seitdem kam Fritz jeden Tag auf einen Kaffee zu uns, um zu zeigen, dass er es wirklich ernst meinte. Ich muss dazu sagen, dass er für diesen einen Kaffee täglich 60 Kilometer Fahrweg in Kauf nahm. Nach ein paar Tagen bekam ich das mit und fragte Fritz, ob wir in meinem Büro miteinander sprechen könnten. Der Koch sah zwar etwas besser aus, war aber noch nicht ganz der Alte. Er fragte mich, ob er wieder anfangen könnte zu arbeiten. Er wollte unbedingt zurückkommen. Ich sagte: »Okay. Aber wozu?« Das »Warum« war mir klar, er brauchte das Geld. Ich fragte weiter: »Was ist der wirkliche Grund, weshalb du wiederkommen möchtest?« Und Fritz antwortete: »Ich möchte wieder nach Hause kommen.«

Es ist so wichtig, dass wir ehrliches Interesse an unseren Mitarbeitern zeigen und gemeinsam herausfinden, was jedem von ihnen Erfüllung bereitet. Niemandem ist geholfen, wenn jemand einen Job nur wegen des Geldes macht. Wir brauchen Menschen, die ihren Job gerne ausüben. Oft sind es nur Kleinigkeiten, »Probleme«, die gelöst werden können, und wir können ihnen ganz leicht dabei helfen, ihren Sinn zu finden, damit sie am Ende glücklich zur Arbeit kommen.

Merkwürdig

- Den Mitarbeitern muss klar sein, wieso sie bestimmte Dinge tun sollen. Es ist wichtig, dass sie den Sinn hinter ihrer täglichen Arbeit erkennen.
- Sobald Mitarbeiter spüren, dass sie Teil des Ganzen sind und ihr Dasein einen Sinn hat, können sie sich auch persönlich weiterentwickeln und an den Aufgaben wachsen.
- Es geht darum, das Herz deiner Mitarbeiter zu erobern.

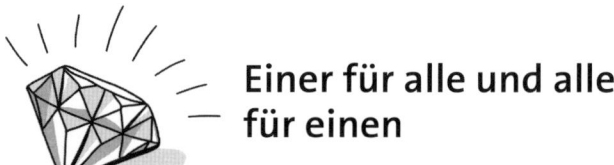

Einer für alle und alle für einen

»Talent gewinnt Spiele, aber Teamwork und Intelligenz gewinnen Meisterschaften.«
Michael Jordan

Das haben wir bestimmt alle schon mal erlebt: Da gibt es Menschen, die in aller Ruhe eine rauchen gehen, während ihre Kolleginnen und Kollegen gerade nicht wissen, wo ihnen der Kopf steht und was sie zuerst und zuletzt machen sollen. In der Gastronomie wären das zum Beispiel die Servicekräfte, die noch zig Kisten mit Besteck und Gläsern polieren müssen und sich damit oft ziemlich alleingelassen fühlen.

Warum unterstützen wir uns nicht gegenseitig? Das habe ich mich jahrelang gefragt, denn dieser Egoismus hat mich einfach genervt. Bis ich mir gesagt habe: »Alles, was dich nervt, musst du aus der Welt schaffen.«

Also haben wir in unseren Betrieben damit angefangen, uns gegenseitig zu unterstützen. Wir haben zum Beispiel zwischendurch oder nach Feierabend gefragt, ob wir den anderen Abteilungen noch irgendwie helfen können. Getreu meinem Motto »Viele Hände, schnelles Ende«. Auf diese Weise bringt man seine Wertschätzung den anderen gegenüber zum Ausdruck – und es stärkt das Wir-Gefühl.

Dabei ist es wichtig, immer auf Augenhöhe zu kommunizieren und sich für nichts zu schade zu sein. Schließlich sitzen wir alle in einem Boot, oder? Nur gemeinsam kommen wir ans Ziel. Wenn nur einer rudert, drehen wir uns im Kreis, fällt einer aus, besetzt die restliche Mannschaft mit ihrer Stärke den Posten, um das Ziel zu erreichen.

Mitarbeiter wollen und brauchen ein Wir-Gefühl. Keiner möchte sich alleine fühlen. Die meisten Menschen sind Rudeltiere und arbeiten gerne in der Gruppe. Wir brauchen das Gefühl, dass gemeinsam gemacht, entschieden und erlebt wird – dass wir aber auch gemeinsam Fehler machen und auch mal etwas gemeinsam durchleiden. Sich gegenseitig zu unterstützen und zu stärken, füreinander da zu sein, darauf kommt es an.

Die Zeiten, in denen jede Abteilung alleine vor sich hin arbeitete, sind vorbei. Was nicht heißen soll, dass du nun ständig in einer anderen Abteilung arbeiten sollst. Aber ab und zu mal auszuhelfen oder zumindest zu fragen, ist schon magisch. Viele kleine Betriebe arbeiten schon so, die großen tun sich damit oft noch schwerer und wissen nicht, wie dieser abteilungsübergreifende Ansatz funktionieren soll.

Die Voraussetzung dafür, das Fundament, ist der schon oft erwähnte Teamkodex. Ein Commitment, das alle Mitarbeiter eingehen. Es funktioniert auch wirklich nur, wenn ALLE (auch der oberste Chef) dabei sind und den Kodex konsequent umsetzen.

Ein Team ist doch im Grunde eine Art zweite Familie. Schließlich verbringst du mit diesen Menschen oft mehr Zeit als mit deiner echten Familie. Also behandle dein Team auch so. Gestaltet den Tag gemeinsam so, als würdet ihr ein Familienfest feiern. Da ist auch nicht immer alles schön. Jede Familie hat ihr Päckchen zu tragen und steht vor Herausforderungen. Und es sind bei solchen Feiern immer

Menschen dabei, mit denen man eigentlich keine Zeit verbringen will. Doch wenn die Großmutter zum 80. Geburtstag einlädt, dann sind sich alle einig, diesen Anlass möglichst schön zu gestalten und Streitereien zu vermeiden, oder?

Warum kann das im Team nicht auch so funktionieren? Wir entscheiden uns dafür, gemeinsam einen schönen Tag zu verbringen, damit am Ende der Kunde, der Gast ein unvergessliches Erlebnis hat.

Merkwürdig

- Denk an das Motto »Viele Hände, schnelles Ende«. Auf diese Weise bringt man seine Wertschätzung den anderen gegenüber zum Ausdruck – und es stärkt das Wir-Gefühl.

- Sich gegenseitig zu unterstützen und zu stärken, füreinander da zu sein, darauf kommt es an.

- Wir entscheiden uns dafür, gemeinsam einen schönen Tag zu verbringen, damit am Ende der Kunde/der Gast ein unvergessliches Erlebnis hat.

- Behandle dein Team wie deine Familie. Es sind die Menschen, mit denen du am meisten Zeit verbringst.

Spaß, Freude & Humor

»Überlegen wir doch, was wir für uns selbst
erreichen, wenn wir unserer Arbeit positiv
gegenüberstehen (...), dass Sie dadurch doppelt
so viel Spaß am Leben haben können, denn die
Hälfte Ihrer wachen Stunden verbringen Sie bei
Ihrer Arbeit, und wenn Sie in Ihrer Arbeit keine
Erfüllung finden, finden Sie sie vielleicht nirgends.«

Dale Carnegie

Stell dir vor, du stehst morgens mit guter Laune auf, du freust dich,
zur Arbeit zu gehen, und freust dich auf deine Kolleginnen und Kollegen. Wäre das nicht schön?

Freude am und im Job und eine Führung, die genau das vermittelt, sind gar nicht so selten! In Organisationen mit flachen Hierarchien trifft man häufiger auf Führungskräfte, die ihre Aufgabe mit
viel Freude und Humor angehen. Sie sorgen auf diese schöne Weise
für Teamgeist, mehr Menschlichkeit und Lebensfreude – die besten
Voraussetzungen für ein erfolgreiches zeitgemäßes Miteinander im
Beruf. Humor entspannt, motiviert und lockert, gezielt eingesetzt,
auch mal eine angespannte Situation auf.

Von Kindern lernen

Doch warum gibt es im beruflichen Umfeld so viele Menschen ohne
Humor und ohne einen Funken Lebensfreude? Ich stelle mir vor,
dass jeder neue Erdenbürger mit einer gesunden Portion Lebensfreude ausgestattet ist. Da muss ich mir nur meine Tochter anschau-
en; sie ist so lebenslustig und froh, ein richtiger Sonnenschein. Ich
werde regelmäßig darauf angesprochen, wie fröhlich mein Kind ist –
was mich immer irritiert, weil ich davon ausgegangen bin, dass alle
Kinder so sind.

Aber dem ist nicht so. Manche Kinder sind im Gegenteil sehr
ernst, und ich vermute, das haben sie sich von ihren Eltern abge-

schaut. Diese Eltern haben vielleicht einen stressigen und / oder un-befriedigenden Job (und oft auch noch einen humorlosen Chef), sie nehmen ihren Frust mit nach Hause und projizieren ihn auf die Kinder. Viele verbringen den Feierabend dann schlecht gelaunt auf der Couch vor dem Fernseher oder beschäftigen sich mit ihrem Handy. Für die Kinder bleibt da oft wenig Zeit.

Was machen die Eltern fröhlicher Kinder anders? Alle berufstätigen Mütter und Väter wissen, was es heißt, Mama / Papa zu sein und »nebenbei« noch ein Business zu haben oder aufzubauen. Wir spielen verschiedene Rollen, und das 24 Stunden lang. Aber ich habe immer eine Wahl. Ich kann zum Beispiel am Abend zu meiner Tochter sagen: »War das heute anstrengend, meine Kleine, spiel alleine, ich brauche erst mal meine Ruhe.« Oder ich sage: »Okay, jetzt ist Mama-Tochter-Quality-Time, bis du schlafen gehst.« Wir albern dann herum, hören Musik und tanzen, machen Blödsinn und vor allem lachen wir viel.

Ich finde, diese Zeit müssen wir unseren Kindern schenken und vor allem uns. Das bringt einfach mehr Spaß und Leichtigkeit in mein Leben und ich kann für einen Moment alles vergessen, dazu brauche ich keinen Fernseher. Diese Quality Time ist schon fast meditativ.

Gut gelaunt und bewohnerfrei® bei der Arbeit

Was das mit dem Spaß im Job zu tun hat? Ich kann mich nur wiederholen: Du hast immer eine Wahl. Du kannst deine Arbeit mit guter oder schlechter Laune erledigen. Ich empfehle dir die erste Variante. Denn so macht die Arbeit einfach mehr Spaß und das Lächeln sitzt lockerer, weil du von innen heraus strahlst. Das ermöglicht ein leichteres Miteinander im Team und einen tollen kreativen Austausch.

Sei doch auch mit deinem Team mal wieder ein bisschen Kind. Unternehmt etwas zusammen, geht in ein Jump House, zum Bowling oder in einen Kletterpark; macht irgendetwas, das mit Emotion, Spaß und Bewegung (Motion) zu tun hat.

Natürlich gibt es immer Leute, die da nicht mitziehen – Menschen mit chronisch schlechter Laune, die gerne meckern und immer und überall das Schlimmste befürchten. Tobias Beck nennt solche Wesen »Bewohner« (= Energievampire, die eine überaus negative Ausstrahlung haben und andere damit runterziehen). Bei manchen Menschen dieser Sorte kann es dir mit viel Mühe gelingen, sie auf die schöne und lustige Seite des Lebens zu bringen, bei manchen ist leider nichts zu machen.

Und vor genau diesen hoffnungslosen Fällen sollten wir uns hüten. Meine frühere Restaurantleiterin Julie und ich haben uns immer kaputtgelacht, wenn ein »Bewohner« sich beworben hat oder wir einen Gast als »Bewohner« erkannt haben. Diese Menschen beschweren sich, um sich zu beschweren, und regen sich über jede Kleinigkeit auf. Man kann es ihnen einfach nicht recht machen. Das gilt nicht nur für unliebsame Gäste, sondern auch für Mitarbeiter und Kollegen. Und es ist für das gesamte Team anstrengend, wenn jemand eine so schlechte Laune verbreitet.

Machkraft-Kompetenz

Viele halten es für unangemessen, nach außen hin lebensfroh und humorvoll zu sein. Sie befürchten, ihre Autorität zu verlieren oder von Kollegen nicht mehr ernst genommen zu werden. Doch das ist ein Irrtum, denn die Fähigkeit, Spaß und Freude zu verbreiten (und auszustrahlen), ergänzt lediglich unsere Kompetenzen. Es gehört zu unseren Aufgaben als Machkraft, mit einem Lächeln ins Unternehmen zu gehen und genauso fröhlich wieder nach Hause zu kommen. Es ist eine Frage der Einstellung!

Wir verbringen so viel Zeit bei der Arbeit. Dann doch bitte mit Spaß und Freude. Julie und ich haben uns damals dafür entschieden, alles im Leben nur noch mit einer positiven Einstellung anzugehen. Mit der Schützen-Wirtin haben wir einen Ort geschaffen, an dem sich alle wohlgefühlt haben. Wir ließen schlechte Laune einfach nicht mehr zu. Nicht bei den Mitarbeitern und nicht bei den Gästen.

Es war unsere Villa Kunterbunt, wie bei Pippi Langstrumpf: Wir machen uns die Welt, wie sie uns gefällt.

Um uns den Humor auch in vielleicht nicht so witzigen Situationen zu bewahren, haben wir uns gewisse Anker gesetzt – um uns an Ereignisse, Dinge oder Erlebnisse zu erinnern, die uns sofort zum Lachen bringen. Das war zum Beispiel ein Foto von uns beiden, auf dem wir total dämlich aussahen, oder ein Codewort, das uns an ein bestimmtes, echt witziges Ereignis erinnerte.

Als ich den Humorexperten Roman Szeliga für meinen »FANomenal führen«-Podcast interviewt habe, sagte er: »Humor wirkt nach innen und nach außen. Wir müssen uns wieder erlauben, humorvoll sein zu dürfen.«

Er teilt Humor in vier Gruppen ein:

1. Selbstaufwertender Humor
2. Selbstabwertender Humor
3. Aggressiver Humor
4. Sozialer Humor

Nummer 2 und 3 scheiden natürlich aus; Nummer 4 (sozial) ist die wichtigste Art von Humor, denn er verbindet uns mit anderen Menschen. Es spricht also rein gar nichts dagegen, wenn wir als Leader lebensfroh und humorvoll sind und andere dazu bringen, zu lächeln.

Es gibt kaum eine bessere Motivationsspritze als Spaß. Freude an der Arbeit bedeutet auch, hin und wieder kleine Pausen einzubauen, einen leckeren Kaffee oder Tee zu trinken, sich für zehn Minuten in den Hof zu setzen oder eine Runde Kicker mit den Kollegen zu spielen. Auch Musik macht gute Laune, genauso wie ein knuddeliger Bürohund, ein leckeres Eis oder ein Feierabendbier für alle. Lass dir etwas einfallen und motiviere deine Mitarbeiter spielerisch. Sie werden es dir mit einem hohen Maß an Motivation und Tatendrang danken.

Humorvolle Führungskräfte sind auch eher bereit und in der Lage, ihren Mitarbeitern auf Augenhöhe zu begegnen. Sie haben kein Problem damit, durch Kompetenz und gelungene Kommunikation zu überzeugen. Auf ihren Rang brauchen sie dabei nicht zu pochen.

Viele verwechseln Humor mit dem Erzählen von Witzen. Dabei hat das gar nicht unbedingt etwas miteinander zu tun. Klar, wenn du einen Witz wirklich gut erzählen kannst, ist das ein gutes Mittel, um die Stimmung aufzulockern. Doch auch hier ist Vorsicht angeraten. Setze deine Witze bewusst ein, sie können bei manchen auch in den falschen Hals geraten. Nicht alle verstehen deinen Humor. Warte ab, bis ihr euch wirklich gut kennt, denn sonst kann das gerade im Team nach hinten losgehen. Man muss den Humor des anderen manchmal erst verstehen lernen. Auch beim Thema Humor brauchen wir Klarheit und Verständnis.

Merkwürdig

- Du hast immer eine Wahl. Du kannst deine Arbeit mit guter oder schlechter Laune erledigen.
- Humor ist eine Lebenseinstellung.
- Die Fähigkeit, Spaß und Freude zu verbreiten (und auszustrahlen), ergänzt lediglich unsere Kompetenz. Es ist unsere Aufgabe als Machkraft, mit einem Lächeln ins Unternehmen zu gehen.

Wertschätzung und DANKE

>»Im Grunde sind es doch die
Verbindungen mit Menschen, die
dem Leben seinen Wert geben.«
>
> Wilhelm von Humboldt

Angespannte Stimmung, Stress und Druck: Jeder hat solche Situationen im Job schon erlebt. Und genau dann reagiert eine Kollegin oder ein Mitarbeiter plötzlich sehr gereizt oder laut, obwohl du vielleicht nur eine simple Frage gestellt hast. Meistens hat das rein gar nichts mit dir zu tun, du warst vielleicht nur das Ventil und plötzlich explodiert dein Gegenüber wie ein Dampfkessel. Ohne Rücksicht auf Verluste. Aber du nimmst das instinktiv persönlich. Was bringt das? Nichts – es ist pure Energieverschwendung und verursacht nur unnötige Bauchschmerzen – und mindestens einer fühlt sich schlecht dabei.

Spurensuche

Wie konnte es nur so weit kommen? Das kann viele Gründe haben. Möglicherweise hat sich der Kollege schon zu Hause über etwas geärgert oder ihm ist auf dem Weg zur Arbeit etwas sauer aufgestoßen. Meist ist es eine unglückliche Verkettung von einzelnen Ereignissen, die gar nichts mit dir zu tun haben. Möglicherweise hat auch ein Dritter den Kollegen getriggert und du bekommst nun unberechtigterweise das Ergebnis dieses Prozesses in Form eines Ausbruchs ab.

Die meisten Menschen – und viele Führungskräfte – sehen immer nur die Schwächen des Gegenübers. Das führt dann dazu, dass sie genervt sind oder sich darüber aufregen, was der Kollege oder die Kollegin nicht kann oder einfach nicht gut gemacht hat. Viel besser wäre es, sich auf die positiven Dinge zu konzentrieren, die die Kollegen oder Mitarbeiter gut beherrschen und die ihnen Freude machen. Und irgendwann läuft bei diesen frustrierten Menschen vor lauter Aufregung das Fass über.

Menschen möchten selten das lernen, was sie nicht so gut können. Du als bewusste Machkraft solltest keine Zeit darauf verschwenden. Konzentriere dich stattdessen auf ihre Stärken, schätze wert, was sie einfach gut können, und fördere sie an genau diesen Stellen. Dann werden diese Menschen auch zu Höchstleistungen auflaufen und sich mehr und mehr zu echten Machkräften entwickeln.

Menschen, die sich vor Kritik »von oben« fürchten und ihr Handeln danach ausrichten, werden keine freundlichen, aus sich heraus motivierten Mitarbeiter sein; und es wird ihnen schwerfallen, entspannt und locker mit Kunden umzugehen. Doch du als Machkraft hast eine Menge Möglichkeiten, deine Mitarbeiter zu fördern und zu motivieren.

Danke!

Schätze jeden so, wie er ist, denn jeder Mensch ist auf seine Art und Weise wertvoll. Bedanke dich auch regelmäßig bei deinen Mitarbeitern, etwa mit: »Schön, dass es dich gibt. Vielen Dank.« Oder: »Danke für deinen Einsatz, ohne dich hätten wir das heute nicht geschafft.« Oder einfach nur: »Danke.«

Stell dir zum Thema Dankbarkeit folgende Fragen:

- Wie dankbar bin ich meinen Mitarbeitern für ihre Arbeit?
- Wie danke ich es ihnen? Danke ich ihnen täglich?
- Wie viel Wertschätzung schenke ich meinen Mitarbeitern? (Nutze dafür eine Skala von 1 bis 10.)

Es ist nicht selbstverständlich, dass Menschen etwas für dich tun, selbst wenn sie Geld dafür bekommen. Zahle erst einmal auf das Beziehungskonto ein, dann tun deine Mitarbeiter das auch und gehen für dich die berühmte Extrameile.

Ein kleines gutes Wort nach getaner Arbeit oder ein Kompliment zwischendurch tut nicht weh. Sag deinem Team auch einfach mal »Danke« und leg dem einen oder anderen dabei die Hand auf die Schulter. Es ist so ein schönes Gefühl und du bekommst garantiert etwas zurück. Du kannst dich auch in Form eines Team-Events bedanken, bei dem du Magic Moments kreierst. Wie wäre es zum Beispiel mit einer glamourösen Oscarverleihung für dein Team?

Allerdings fällt gerade dieses kleine magische Wort – Danke – vielen Leuten sehr schwer. Manche benutzen es gar nicht. Sie würden sich lieber die Zunge abbeißen. Oder sie sprechen ein pauschales Danke aus, etwa auf der Weihnachtsfeier. Doch das hat mit einem individuellen, aufrichtig gemeinten Dank gar nichts zu tun.

Meiner Meinung nach ist es das wichtigste Wort in der Teamführung, denn nichts ist selbstverständlich. Kleines Wort, große Wirkung. Danke! Versuche es häufiger zu integrieren. Es wirkt Wunder. Hier noch ein paar Variationen:

- Danke für deine großartige Unterstützung heute.
- Danke, dass du hier bist.
- Danke, dass du mich verstehst.
- Danke, dass …

Wofür bist du deinem Team dankbar? Schreib es auf:

_____

_____

_____

_____

_____

_____

Wie kannst du deinem Team danken? Was fällt dir spontan dazu ein?

_____

_____

_____

_____

Ach ja, denk daran: Ego raus! Vergiss nie, wie du selbst angefangen hast. Also bedanke dich auch für die Dinge, die für dich mittlerweile selbstverständlich sind.

Der lange Weg zum Paradigmenwechsel

Ein guter Freund von mir, Nico Feldmann, hat sich jahrelang nach Wertschätzung und einem einfachen »Danke« gesehnt. Durch sein Streben nach Anerkennung und Wertschätzung richtete er sein Leben jahrelang auf Menschen im Außen aus.

In den Anfangsjahren seiner Karriere war Nico in der Firma seines Vaters für die Organisation einer Messereise zuständig. Er, sein Vater und fünf Vertriebsmitarbeiter waren auf dem Weg von Hamburg nach Köln. Bei der Ankunft im Hotel musste Nico feststellen, dass er aus Versehen fünf statt vier Übernachtungen für die Gruppe gebucht hatte. Die Dame an der Rezeption lehnte eine Stornierung der überzähligen Übernachtung ab, diese sei zu kurzfristig und daher müssten sie mindestens 80 Prozent der Summe dafür zahlen – immerhin 600 Euro.

Nico fragte auf seine charmante Art nach, ob da nicht doch etwas zu machen sei, doch die Rezeptionistin blieb hart. Nicos Vater hatte das Ende des Gespräches gerade noch mitbekommen und versuchte nun selbst sein Glück – doch auf eine ganz andere Art. Er baute in einem dreiminütigen Monolog enormen Druck auf die Angestellte auf. Am Ende stornierte die Rezeptionistin die komplette Summe. Und Nico verstand die Welt nicht mehr. Schließlich hatte er vorher um das Gleiche gebeten und nur eine strikte Absage erhalten.

So lernte Nico gleich zu Beginn seiner Karriere, dass man nur sein Recht bekam, wenn man genügend Druck ausübte – und dass das auch für die Führung der eigenen Leute galt. Nach einigen weiteren Erfahrungen dieser Art übernahm Nico den recht autoritären Führungsstil seines Vaters, in dem guten Glauben, nur so erfolgreich werden zu können. Und das, obwohl so ein Vorgehen eigentlich gar nicht seinem eigenen Naturell entsprach.

Ein paar Jahre später bekam Nico in der väterlichen Firma die Verantwortung für ein eigenes Vertriebsteam. Die Motivation der Mitarbeiter, sich ganz und gar ins Zeug zu legen, die im Mittelstand so wichtig ist, um erfolgreich zu sein, funktionierte nie über die Werteebene, wie er es sich insgeheim gewünscht hätte. In dieser Firma half nur die Motivation durch Druck und monetäre Anreize. Nico musste Macht ausüben, denn das Team war darauf bereits konditioniert. Sein Vater fand Gefallen an diesem Verhalten und wog sich damit in Sicherheit, dass sein Sohn die Firma in seinem Sinne und in seinem Stil weiterführen würde.

Als sich sein Vater aus der Firma zurückzog, bot sich Nico die Chance, endlich etwas zu verändern. Auf einem Unternehmerseminar in einem Kloster lernte er, sich neu zu erfinden. Er disruptierte alte Verhaltensmuster und begab sich auf den Weg der Veränderung. Nicos Ziel war es, zuerst sich selbst und dann sein Team so zu führen, dass alle in ihrem Job Erfüllung finden und in dem, was sie tun, wertgeschätzt werden.

Er wusste, wenn er den Mitarbeitern das nötige Vertrauen schenken und ihnen die passenden Systeme und Werkzeuge an die Hand geben würde, würden sie ebenfalls bereit sein, die Extrameile zu gehen.

Mit den Erkenntnissen aus verschiedenen Fortbildungen baute Nico ein eigenverantwortliches Unternehmenssystem auf. Jeder

Mitarbeiter konnte in Auftaktveranstaltungen zu Beginn des Jahres an der gemeinsamen Jahreszielplanung teilnehmen und eigene Projekte starten. Mit Ziel- und monatlichen Strategiegesprächen bot sich die Möglichkeit zu reflektieren. Diverse Projekte wurden von Mitarbeitern initiiert und eigenständig durchgeführt. Die Firma investierte jährlich in Fortbildungen und Einzelcoachings der Führungskräfte. Dabei legten die Verantwortlichen ihren Fokus bewusst auf die Mission und die Werteebene. »Gemeinsame Werte definieren, diese klar kommunizieren und täglich danach zu führen, das ist eine ganz schöne Aufgabe. Es benötigt Geduld und viel Kommunikation«, meint Nico. »Menschen, die in unser Unternehmen kamen, bezogen sich ab diesem Zeitpunkt auf die Wertekommunikation, wie sie zum Beispiel in Stellenausschreibungen aufgeführt wurde.«

Das ganze Team fühlte sich zutiefst wertgeschätzt, alle waren dankbar dafür, in dieser Firma arbeiten zu dürfen. Sie fanden ihre Erfüllung und hatten große Freude daran, diese Vision zu teilen, weil sie gemerkt hatten, dass ihnen Dankbarkeit und Gestaltungsfreiraum geboten wurden. Geld ist ein schönes Mittel zum Zweck, aber langfristig keine Motivation. Da waren sich alle einig.

Im Vertrieb sind Incentives nach Nicos Meinung dennoch ein interessantes Tool. Er entwickelte gemeinsam mit seinem Team dafür eine interessante Lösung: Ein Wettbewerb = drei Preise. Die Mitarbeiter konnten sich etwas aussuchen, entweder Geld, eine Reise oder Freizeit. Die Mitarbeiter wählten das aus, was gerade zu ihrer Lebenssituation passte.

Schlüsselfaktor Vertrauen

Incentives sind ein Anreiz, doch Motivation von innen, das ist wahre Power. Man muss sich als Machkraft allerdings bewusst machen, dass nicht jeder Mensch im Leben bereit ist, diesen Weg, der außerhalb der Komfortzone liegt, auch wirklich einzuschlagen. Der Weg durch so eine Veränderung ist steinig. Vertrauen sollte dabei immer ein Vorschuss sein, der jedoch bestätigt werden muss. Sind

Führungskräfte im mittleren Management oder in der Geschäftsführung nicht im eigenen Vertrauen, dann kann das Meisterwerk – ein Unternehmen, das auf Vertrauen, Wertschätzung und Dankbarkeit aufbaut – schnell wieder dahingewirtschaftet werden.

Menschen brauchen Wertschätzung, Anerkennung und regelmäßig ein »Danke«, um Vertrauen aufzubauen. Doch am Kern, an sich selbst, muss jeder bereit sein zu arbeiten. Eine intrinsische Motivation formt sich, wenn Sinn zur Veränderung gesehen und gelebt wird.

Anerkennung und Wertschätzung sind wesentliche Faktoren bei der Mitarbeitermotivation. Doch Lob ist ein genauso wichtiger Bestandteil. Lobe deine Mitarbeiter immer dann, wenn sie wirklich gute Arbeit geleistet haben. Natürlich solltest du es nicht übertreiben und das Lob inflationär verteilen, denn dann verliert es an Bedeutung und Glaubwürdigkeit. Wann immer Lob angebracht ist, solltest du es aber aussprechen. Zeige deinen Mitarbeitern, dass auch DU ein FAN ihrer Arbeit bist.

Merkwürdig

- Konzentriere dich auf die Stärken deiner Mitarbeiter, schätze wert, was sie einfach gut können, und fördere sie an genau diesen Stellen.

- Schätze jeden so, wie er ist, denn jeder Mensch ist auf seine Art und Weise wertvoll.

- Bedanke dich regelmäßig, etwa mit: »Danke, schön dass es dich gibt.«

- Zahle erst einmal auf das Beziehungskonto ein, dann tun deine Mitarbeiter das auch und gehen für dich die berühmte Extrameile.

- Ego raus! Vergiss nie, wie du selbst angefangen hast. Also bedanke dich auch für die Dinge, die für dich mittlerweile selbstverständlich sind.

- Wann immer Lob angebracht ist, solltest du es auch aussprechen. Zeige deinen Mitarbeitern, dass auch DU ein FAN ihrer Arbeit bist.

Geheimtipp Quereinsteiger

»Jeder Mensch begegnet einmal
dem Menschen seines Lebens, aber nur
wenige erkennen ihn rechtzeitig.«
Gina Kaus

Früher habe ich ausschließlich nach Fachkräften gesucht – bis der Markt komplett leer gefegt war und ich mich notgedrungen umorientieren musste. Ich habe dann überwiegend mit Studierenden, Schülern oder Menschen zusammengearbeitet, die sich beruflich umorientieren wollten. Nach meinen Erfahrungen aus den letzten Jahren sehe ich heute viele Vorteile bei Quereinsteigern (das funktioniert natürlich nicht in allen Branchen und für alle Positionen, aber das weißt du ja bereits!).

Quereinsteiger ...
- sind flexibel;
- sind unvoreingenommen;
- sind offen dafür, neue Dinge zu lernen;
- sind bereit, sich persönlich weiterzuentwickeln;
- sind kritikfähiger;
- *machen* einfach, ohne groß darüber nachzudenken;
- haben wertvolle Ideen und unkonventionelle Ansätze, weil sie von außen auf die Branche schauen können.

Die einzige Herausforderung besteht darin, dass sie oft eine längere und intensivere Einarbeitung brauchen und die Unternehmer und Führungskräfte sich wie in einer Ausbildungsstätte fühlen dürften. Doch wenn man das Quereinsteiger-System einmal für sich verstanden und erkannt hat, dass es nicht immer nur um das Können, sondern auch um das Wollen geht, bietet diese Recruiting-Methode den Grundstein für einen erfolgreichen und langfristigen Team- und Unternehmensaufbau.

Die folgende Geschichte soll dir zeigen, weshalb ich so ein Fan von Quereinsteigern geworden bin. Vor einigen Jahren hatte sich Anton, ein Mathematikstudent, initiativ als Aushilfe fürs Büro bei mir beworben. Ich dachte: Wozu brauche ich Unterstützung im Büro? Da arbeite ich sowieso nur nebenbei und das kriege ich schon hin.

Also habe ich Anton freundlich abgesagt. Doch er ließ nicht locker und meldete sich wieder. Ich betrachtete die zugestaubten Papiertürme in meinem Büro, die schon längst hätten abgeheftet werden sollen. Aus Zeitmangel hatte ich alles, was fertig bearbeitet war, einfach auf einen Stapel ins Regal gelegt. Na gut, sagte ich mir, und habe Anton dann doch zum Vorstellungsgespräch eingeladen. Als ich ihn sah, ging die Bewertungsschublade kurz auf und ich dachte: Der hat ja noch gar keine Erfahrung, bis ich dem alles erklärt habe, da mache ich es doch lieber selber ... Dann schloss ich die Schublade schnell wieder, atmete tief durch und hörte mir an, was er zu sagen hatte und wie er sich seine Mitarbeit vorstellte.

Anton berichtete mir von seinen Stärken im Büro, schilderte, wie er mich unterstützen könnte, und sagte: »Mir ist egal, was ich mache, Hauptsache arbeiten.« Wenn ich so etwas höre, fahren sofort meine Antennen aus und ich denke gleich einen Schritt weiter. Was ist, wenn mal jemand ausfällt, ist Anton dann bereit, auch in der Gastro einzuspringen? Danach gefragt, erwiderte er: »Ich habe das noch nie gemacht, aber wenn mir jemand zeigt, wie das geht, okay!«

Ich gab ihm also die Chance. Anton kümmerte sich um die Papierstapel, sortierte die Unterlagen fein säuberlich ein und erstellte Listen und Schilder – alles Dinge, die ich nicht so gerne mache und die er mit Lust und Laune erledigte.

Es ist immer gut, wenn deine Mitarbeiter Talente mitbringen, die das ergänzen, was du selbst nicht hast oder auch einfach ungern tust. In meinem Fall waren das definitiv administrative Aufgaben. Also passte das schon mal super.

Ein paar Wochen später, an einem schönen Sommertag kurz vor den Sommerferien, war ich gerade mit Anton im Büro, als plötzlich auf meinem Handy rot »SOS« aufleuchtete. Die Nachricht kam von meinem Kollegen Andreas, der an dem Tag alleine im Strandbad Wannsee arbeitete. Andreas und ich haben eine Vereinbarung: Wenn einer von uns »SOS« schreibt, lässt der andere alles stehen und liegen und eilt zu Hilfe – ganz nach dem Motto »Einer für alle und alle für einen«.

Und nun war es mal wieder so weit. Ich sagte zu Anton: »Ich habe heute eine ganz besondere Aufgabe für dich. Wir beide fahren jetzt sofort ins Strandbad Wannsee. Das ist ungefähr 800 Meter von unserem Büro entfernt. Andreas, der gerade dort arbeitet, braucht ganz dringend unsere Hilfe.« Anton meinte nur: »Okay.«

Also rasten wir beide mit dem Auto ins Strandbad, wo wir schon von Weitem etwa 200 Schülerinnen und Schüler sahen, die am Verkaufsstand alle auf Pommes, Eis und kalte Getränke warteten. Im Laden musste ich mich kurz orientieren und schauen, wo wir überhaupt anfangen sollten. »Anton, du gehst am besten in den Eisladen und verkaufst dort das Eis, das die Gäste haben wollen. Die Preise stehen auf der Tafel, die brauchst du nur in die Kasse einzugeben, und im schlimmsten Fall sagen die Kunden dir den Preis auch an.« Und Anton antwortete wieder nur: »Okay.«

Und so sah unsere Arbeitsteilung aus: Ich stand an der Fritteuse, frittierte die Pommes und briet die Currywürste, Andreas bediente die Gäste und Anton schmiss mal eben als Neuling und Quereinsteiger den Eisladen. Als nach einer halben Stunde alles vorbei war und die Gäste gut versorgt am Strand saßen, gaben wir drei uns ein High Five und freuten uns wie Bolle. Wir halfen Andreas noch schnell beim Aufräumen und waren kurz darauf schon wieder auf dem Rückweg: »Wir müssen leider zurück ins Büro, denn da wartet noch eine Menge Arbeit auf uns«, sagte ich zu Anton. Und was kam von Anton? Genau: »Okay.«

Auf dem Weg meinte Anton dann zu mir: »Das gerade war soooo cool. Das hat mir wirklich Spaß gemacht. Ich hätte im Leben nicht gedacht, dass ich das kann. Darf ich öfter bei Ihnen arbeiten?« »Ja klar, gerne sogar.« Das war der Startschuss für Antons erfolgreiche Karriere in der Gastronomie und im Büromanagement. Von dem

Tag an lernte er als Aushilfe alle Stationen im Strandbad Wannsee kennen und arbeitete schließlich selbst andere Mitarbeiter ein. Im Winter bekam er die Möglichkeit, in einer Eventagentur zu arbeiten, und auch die Leute dort waren hin und weg von seinen Talenten.

Seine »Karriere« war für mich der Auslöser, zukünftig viel mit Quereinsteigern zu arbeiten. Sie sind motiviert und unvoreingenommen, sie sind bereit, neue Dinge zu lernen, und sind sich für nichts zu schade. Und sie setzen alles so um, wie du es willst, weil sie noch nicht »vorbelastet« sind. Anton ging später zum Studieren in eine andere Stadt, sodass sich unsere Wege leider trennten. Doch er ist mir als idealer Quereinsteiger – und Machkraft! – noch gut im Gedächtnis und so treibe ich das Konzept der Quereinsteiger bis heute bewusst weiter voran.

Merkwürdig

- Es ist immer gut, wenn deine Mitarbeiter Talente mitbringen, die das ergänzen, was du selbst nicht hast oder auch einfach ungern tust.
- Einer für alle und alle für einen.
- Quereinsteiger sind motiviert und unvoreingenommen, sie sind bereit, neue Dinge zu lernen, und sind sich für nichts zu schade.
- Sie setzen alles so um, wie du es willst, weil sie noch nicht »vorbelastet« sind.
- Wir dürfen anfangen, den Menschen noch mehr zu sehen und jedem eine Chance zu geben.

13. Das FAN-Modell – FANomenal führen

> »Kümmern Sie sich um Ihre Mitarbeiter,
> diese kümmern sich um Ihre Kunden.«
> Richard Branson

Leider ist es in vielen Organisationen immer noch so: Die Mitarbeiter wollen am liebsten weg, haben aber keine Alternative und bleiben gezwungenermaßen da. Schließlich müssen sie ja ihre Miete bezahlen. Diese Menschen fiebern schon montags dem Wochenende entgegen und das ist natürlich immer zu kurz ... Jeder von uns ist in seinem Berufsleben schon solch unmotivierten Menschen begegnet – oder war sogar selbst schon einmal in einer ähnlichen Situation und hatte innerlich gekündigt.

Wenn du als Unternehmer, CEO oder Machkraft gefühlt 24/7 arbeitest, kostet das enorm viel Kraft. Wenn dazu noch das Gefühl kommt, die »falschen« Mitarbeiter an deiner Seite zu haben, ist das Ganze noch anstrengender.

Wir als engagierte Machkräfte hätten natürlich lieber Mitarbeiter um uns herum, die morgens gerne und motiviert zur Arbeit kommen und unsere Werte teilen, oder?

Was du tun kannst, um die richtigen Mitarbeiter mit dem entsprechenden Machkraft-Potenzial zu finden, habe ich in den vorherigen Kapiteln ausführlich dargestellt. Jetzt soll es um einen Führungsansatz gehen, der eng damit zusammenhängt und mit dem ich seit Jahren als Machkraft und als Coach sehr gut fahre.

In meiner ersten Zeit als Führungskraft habe ich mir nicht die Zeit genommen, Bücher zum Thema Leadership zu lesen. Ich habe eher instinktiv, aus dem Bauch heraus entschieden und mit dem Herzen geführt. Daraus ist etwas Wunderbares entstanden und ich hatte schon damals fast nur Menschen an meiner Seite, die motiviert waren und dieselben Werte mit mir teilten und – was noch viel wichtiger war – die gleiche Vision.

Ich war von meiner Vision selber so begeistert, dass ich mein Team um mich herum durch mein aktives Vorleben gleich mit begeistern konnte. Es entstand eine regelrechte FAN-Gemeinschaft. Die Begeisterung der Mitarbeiter übertrug sich somit auch auf unsere Gäste.

Früher konnte ich all das noch nicht in Worte fassen. Ich habe einfach gemacht, ohne groß darüber nachzudenken. Erst 2018 habe ich mit Nico Gundlachs Unterstützung das FAN-Modell entwickelt. Bei einem Seminar stellten wir fest, dass wir unsere Mitarbeiter nach dem gleichen Ansatz führten. Es gelang uns, sie gleich zu Beginn der Zusammenarbeit zu begeistern, einfach weil wir selber von unserer Vision begeistert waren (und es bis heute sind). Und wir waren uns einig: Mitarbeitermotivation/-begeisterung kannst du lernen. Ganz nach dem Motto des heiligen Augustinus: In dir muss brennen, was du in anderen entzünden willst.

Begeisterung ist also das entscheidende Kriterium des FAN-Modells. Das hat auch Steve Jobs, der Gründer von Apple, seinen Leuten schon vorgelebt und er wurde damit mega-erfolgreich. Genauso Richard Branson, der in seinem Buch »Like a Virgin« sagt: »Wenn Ihr Personal zufrieden und hoch motiviert ist, steigt die Wahrscheinlichkeit, dass auch Ihre Kunden zufrieden sein werden – das heißt, es verbessern sich die Chancen, dass Ihre Firma starke Umsätze und gute Gewinne macht und damit die Ergebnisse erzielt, die Ihre Anteilseigner verlangen.«

Steigt deine Begeisterung für deine Vision, für die Idee, wohin die Reise gehen soll, steckst du andere damit an. Sie finden das genauso grandios und werden zum Fan der Organisation oder des Produkts. Warum ist das so wichtig?

Wir wollen doch mit Menschen zusammenarbeiten, die mitdenken, Mitarbeiter, die über den Tellerrand hinausblicken und nicht ständig auf die Uhr schauen, weil sie Dienst nach Vorschrift machen. Denn wenn wir etwas machen, was uns wirklich Spaß und Freude bereitet, dann vergeht die Zeit wie im Flug. Dann sind wir im Flow. Wenn es dann noch mehrere in deinem Team gibt, denen es ähnlich geht: Was für eine Energie und Eigendynamik wird dann plötzlich entstehen?! Diese positive Energie spürt am Ende auch der Kunde oder der Gast.

Deshalb verwandle DEINE Vision in EURE Vision. Deinen Erfolg in euren Erfolg. Deine Idee in eure Idee. Deine Mitarbeiter in euer gemeinsames Team. Denn dein Team unterstützt Helden und Machkräfte nur, wenn es für sich selbst einen Sinn darin sieht.

Stehen deine Mitarbeiter mit echter Begeisterung zu 100 Prozent hinter deiner Vision, deinem Produkt, sind sie irgendwann Fans – und werden im Endeffekt zu Markenbotschaftern. Das sollte dein Ziel sein. Somit bist du in der Lage, AM Unternehmen zu arbeiten, statt IN deinem Unternehmen.

Viele meiner Coachees kommen zu mir, weil sie rauswollen aus dem Hamsterrad. Sie leben in dem Glauben, dass ohne sie nichts geht und der Umsatz sinken würde. Sie machen sich selbst zum Sklaven ihres Betriebes und jammern gerne und viel: dass sie nicht die richtigen Mitarbeiter finden, dass sich immer die falschen bewerben, dass es nicht genug Fachkräfte gibt und so weiter und so fort.

Was sie nicht bedenken: Es hängt nicht zuletzt von ihnen selbst ab, ob sie die richtigen Leute finden und ihre Mitarbeiter engagiert und enthusiastisch arbeiten. Nur eine echte Machkraft ist in der Lage, wiederum andere zu Machkräften heranzuziehen. Mit den richtigen Werkzeugen lässt sich prinzipiell jeder motivieren. Optimalerweise erreicht die Machkraft bei ihren Mitarbeitern nicht nur eine extrinsische Motivation (und das meist durch äußere Anreize), sondern eine intrinsische Motivation durch innere Impulse, die viel nachhaltiger und wichtiger ist.

Torsten J. Koerting hat vor vielen Jahren bei Virgin Australia erleben dürfen, welchen grandiosen Rahmen Richard Branson geschaffen hat, in dem die Mitarbeiter sich zu 100 Prozent entfalten können und so die Organisation mit ihrer Freude am Job zum Erfolg führen. Er teilt Folgendes mit uns:

»Employee First – so lautet das Motto von Virgin Australia. Da gibt es Druck im Terminkalender, aber keinen Druck auf den Menschen. Das Unternehmen ist der Weltvorreiter für FANomenale Führung. Das gute Gefühl setzt dort schon am ersten Tag ein. Du fühlst dich sofort wie zu Hause. Du fühlst dich angenommen, akzeptiert, wertgeschätzt, genauso wie jemand, der schon mehrere Monate in der Organisation ist.

Das Besondere bei Virgin ist wirklich, dass du eine eigene Identität und die damit verbundene Wertschätzung bekommst. Der Chef des riesigen Imperiums, Richard Branson, war gefühlt immer da und präsent, aber nicht nur da, sondern er war nahbar. Einmal im Jahr gab es eine Mitarbeiterfeier, wo der Rahmen genauso eine Rolle spielte. Es war ein gigantisches Event, der ›Hangar Ball‹, zu dem Branson immer selber eingeflogen ist, um seine Ansprache zu halten. Alles wurde bis ins kleinste Detail geplant. Manchmal kreierte er Magic Moments, indem er sich unters Publikum mischte, verkleidet, ohne dass es andere bemerkten, um wirklich nah bei den Mitarbeitern zu sein. Er kreiert etwas, bei dem alle Leader mitziehen und somit auch die Mitarbeiter.

Der Unternehmer ist sichtbar und genauso die Führungsperson, die die Richtung vorgibt. Die Strategie und die Vision sind durch die Formate und den Rahmen, den das Unternehmen schafft, unglaublich greifbar für die Mitarbeiter. Sie können in den Rahmen eintreten und eins mit ihm werden, um erfolgreich zu sein.

Ganz weit oben steht für Richard Branson das Wertesystem – eines, das ich sonst nirgendwo erlebt habe. Es ist ein Wertefundament, das alle mitzieht. Ein Wert lautet zum Beispiel: ›We stand in for another!‹ – ›Einer für alle und alle für einen.‹ Du kannst dich immer auf den anderen verlassen.

Das ist ein Manifest der Virgin Group, das du erleben und beleben kannst. Es wird auch immer dafür gesorgt, dass der Mensch zur Rolle passt und sich nicht verbiegen muss, um sich an eine Rolle anzupassen. Jeder fragt sich: Was kann ich von anderen erwarten, damit ich in meiner Rolle noch besser werde?

Was auch ganz großgeschrieben wird bei Virgin, sind die magischen Momente. Erfolge müssen unbedingt gefeiert werden. Virgin hat sogar einen Scheck an die Mitarbeiter verteilt, damit haben sie JEDEN Erfolg gefeiert. Ehrlich, authentisch, emotional. Das schweißt die Mannschaft unglaublich zusammen.

Es wird mit Leichtigkeit geführt und nicht mit Checklisten oder Arbeit nach Vorschrift und es gab immer das nächtliche BBQ im Team oder ein Feierabendbier. Jeder gibt 100 Prozent und alle verfolgen ein Ziel. Die gesamte Organisation steht dahinter. Wenn es dem Mitarbeiter gut geht, geht's dem Kunden auch gut. Bei Virgin hat man wirklich gespürt, was inspirierte und kraftvolle Mitarbeiter auslösen können.

Der Rahmen ist das, was es ausmacht, und du bekommst als Mitarbeiter deine eigene Identität.«

Wenn auch du deine Mitarbeiter zu Fans deiner Organisation oder deines Produkts – und zu echten Machkräften – machen willst, die begeistert und stolz darauf sind, bei dir zu arbeiten, ist das FAN-Modell genau das Richtige für dich.

Dieses Modell geht weg vom Ego und von Ich-Botschaften, hin zu einer Wir-Kultur. Es bildet das Fundament für Leadership-Excellence. Führung darf leicht sein, doch dazu braucht es einen Fahrplan, der in diesem Fall drei wichtige Schritte umfasst.

FAN steht für:

Frame – Rahmen
Attitude – Einstellung
Navigation – Ziele

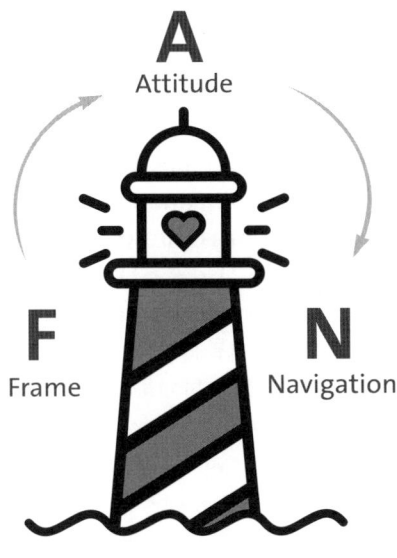

Das FAN-Modell

Frame – Rahmen

In welchem Rahmen fühlen du und die anderen sich wohl? Einen »Wohlfühlrahmen« kannst du gemeinsam mit deinem Team (oder auch zu Hause mit deiner Familie) kreieren.

Es geht darum, eine freundliche, angenehme und offene Atmosphäre zu schaffen, denn das ist der erste Schritt zur Begeisterung. Wer sich so richtig wohlfühlt, hat sein erstes WOW-Erlebnis. Immerhin verbringen wir die meiste Zeit des Tages bei der Arbeit. Deshalb ist es extrem wichtig, dass alle sich wohlfühlen und von der ersten Sekunde an gut mit ihren Kolleginnen und Kollegen zurechtkommen. Du kreierst einen Platz für sie, an dem sie konzentriert arbeiten, sich aber genauso gut in der Pause entspannen können.

Eine gelungene Arbeitsatmosphäre, der Rahmen, bietet ein gutes Betriebsklima und zeichnet sich darüber hinaus durch ein paar gelungene räumliche Aspekte aus. Damit ist nicht unbedingt eine teure Ausstattung gemeint, ich denke da eher an all das, was Mitarbeiter brauchen, um sich wohlzufühlen und ihre Arbeit gut erledigen zu können – zum Beispiel eine adäquate Beleuchtung, gute Belüftung, ergonomisch geformte Möbel usw.

Es geht um die Mitarbeiter und das, was sie brauchen – nicht darum, was du willst oder von dem du denkst, dass es für sie richtig ist. Mitarbeiter brauchen zum Beispiel Meetings oder Team-Events, After-Work-Events oder einen Jour fixe. Es geht um den Austausch, damit jeder das Gefühl hat, auch gehört zu werden. Schaffe einen Rahmen, in dem diese Kommunikation offen und frei von Bewertungen stattfinden kann. Kreiere Magic Moments. Das sind oft kleine Aufmerksamkeiten, mit denen du anderen eine Freude bereiten kannst. Und daran werden sie sich immer erinnern. Es geht dabei nicht um große Geschenke oder große Gesten – eher um gelegentliche Aufmerksamkeiten, die einen Überraschungseffekt haben und deinem Gegenüber ein Lächeln ins Gesicht zaubern. Das kann auch eine kleine Packung Gummibärchen sein.

Man kann sich das Ganze wie eine Kettenreaktion vorstellen: Erst einmal dürfen wir uns selber einen schönen Tag machen und ihn genießen. Und wenn es uns gut geht, geht es unseren Kunden und Gästen automatisch auch gut.

Versuche herauszufinden, was deine Mitarbeiter lieben und brauchen. Lass dein Team auch an der Gestaltung des Rahmens teilhaben. Es sind immer Menschen dabei, die eine kreative Ader haben und das gerne tun. Probiere es einfach mal aus.

Noch ein paar Ideen für einen gelungenen Rahmen: schön designte Arbeitskleidung mit Firmenlogo, Rituale wie ein High Five bei der Begrüßung, gemeinsames Frühstück oder Mittagessen, Chillout-Sitzecke, kleine Präsente in jedem Meeting mit Schildern wie: »Schön, dass DU da bist«, Deko in den Lieblingsfarben, Songs, die euch positiv stimmen ...

> Was fällt dir zu einem gelungenen, begeisternden Rahmen in deinem Betrieb ein? Schreibe es auf.
>
> _____
>
> _____
>
> _____

Attitude – Einstellung

Hast du die richtigen Leute eingestellt? Und sind diese auch richtig eingestellt? Hier geht es um das Thema Mindset. Teilt jeder Mitarbeiter die gleiche Einstellung? Die gleiche Vision? Die gleiche Philosophie? Dieselben Werte?

Es geht also um Aspekte wie: Achtsamkeit, Geduld, Vertrauen, Respekt, Wertschätzung, Zusammenhalt, Team, Ehrlichkeit, Enthusiasmus, Freude. Eigentlich reden wir hier schon vom Teamkodex, auf dessen einzelne Punkte sich das Team im Teambuilding einigt und die dann konsequent eingehalten werden.

Zwei Beispiele:

Vertrauen

Vertraue deinen Mitarbeitern! Zeige ihnen, dass du dich auf sie verlässt, und schenke auch neuen Kollegen einen Vertrauensvorschuss. Das motiviert deutlich mehr, als ihnen skeptisch oder misstrauisch gegenüberzutreten. Zum Vertrauen zählt selbstverständlich auch die Übertragung von Verantwortung – und das nicht nur dann, wenn du mal freihast oder im Urlaub bist, sondern generell. Gib jedem Mitarbeiter das Gefühl, dass du fest an ihn und seine Kompetenzen glaubst. Das ist ein wahrer Motivations-Booster.

Achtsamkeit

Wenn etwas gerade nicht rundläuft oder sich Stress breitmacht, regen wir uns gerne mal auf. Manchmal sagen wir Dinge, die wir später bereuen, weil wir zu spontan aus der Emotion heraus agieren. In Krisensituationen bewerten wir Situationen oder Handlungen von Menschen oft vorschnell und bleiben nicht im Hier und Jetzt. Wir wollen die Situation sofort beeinflussen. Doch achtsam zu sein heißt, eine Situation bewusst wahrzunehmen, ohne ein Verhalten zu verändern.

Vielleicht denkst du jetzt: Ich bin nicht der Typ dafür, meine Emotionen gehen immer mit mir durch. An der Stelle kann ich dich jetzt schon beruhigen. Achtsamkeit kannst du genauso lernen wie Führung. Wenn wir eine Situation einfach mal so lassen und in die Vogelperspektive gehen, bauen wir Stress ab und finden sogar schneller eine Lösung oder einen Weg, die Situation als solche zu akzeptieren.

Bezogen auf die Attitude (Einstellung) ist es wichtig, dass du und deine Mitarbeiter die gleichen Werte teilen. Finde das gleich am Anfang heraus. Wenn du jemanden im Team hast, der deine Einstellung nicht teilt, wird es ein langer, erfolgloser Kampf, der nur Energie kostet. Menschen, mit denen du nicht auf dem gleichen Wertelevel bist, sprechen und agieren auch oft gegen deinen Rahmen und dein Wertesystem – weil sie es nicht verstehen und auch nicht verstehen wollen. Das ändert sich vermutlich nicht. Dann geht lieber gleich getrennte Wege, ohne das jetzt zu bewerten, denn es ist okay, wenn jeder offen sagen kann, was ihm gefällt und was nicht. Diese Menschen müssen sich einer anderen FAN-Gemeinschaft anschließen.

Mein Tipp zur Einstellung: Höre immer auf dein Bauchgefühl – es wird dir schon sagen, ob das Wertesystem eines anderen mit deinem kompatibel ist – und konzentriere dich eher auf das WOLLEN der Menschen als auf das KÖNNEN.

Denke daran, DU bist der Kapitän auf deinem Schiff und du entscheidest, wer mitfährt.

Stell dir vor, du überquerst mit deinem Schiff jahrelang einen Ozean, da ist es wichtig, dass das Team stimmt. Nur wenn der Kapitän auf seinem Schiff für klare Kommunikationswege und Denkrichtungen sowie Werte sorgt – festgehalten in einem Teamkodex –, ist die Wahrscheinlichkeit groß, dass seine Mitarbeiter eine positive Einstellung und ein gutes Verantwortungsgefühl besitzen und etwas bewegen.

Glaube mir: Die Kunden werden diesen starken Teamspirit spüren und den Unterschied zu anderen Unternehmen und Führungsstilen erkennen – und das wirkt sich auf deinen Erfolg aus.

Navigation – Ziele

Egal ob du ein Unternehmen leitest, eine Abteilung führst oder ein Projekt vorantreibst: Dein Team muss wissen, wo die Reise hingeht. Welche Ziele verfolgt ihr? Was ist eure Vision? Gib die Richtung vor. Menschen wollen gerne ein Teil von etwas sein, von dem sie auch begeistert sind. Dann ist die Wahrscheinlichkeit groß, dass sie mehr Herzblut und Leidenschaft in ein Projekt stecken und dass jeder Einzelne seinen Teil zum Erfolg beitragen möchte. Wenn jeder das Ziel kennt, findet ihr gemeinsam einen Weg, auch in stürmischen Zeiten, wenn ihr den Kurs ändern müsst. Doch nach einem Sturm kommt immer wieder Sonnenschein und nach Ebbe kommt wieder Flut. Durchhalten ist angesagt.

Um das Ziel zu erreichen, ist jedes einzelne Crewmitglied gefordert und jeder muss sich zu 100 Prozent auf den anderen verlassen können. Sehr wichtig ist eine klare und transparente Kommunikation und auch, dass man die Bedürfnisse der anderen Teammitglieder sowie ihre Stärken und Schwächen gut kennt.

Mitarbeiterführung ist eine Kunst und manchmal fällt es auch einer echten Machkraft nicht leicht, alle mitzunehmen. Umso wichtiger, dass sie sich stets um die Menschen kümmert und sie mit einbindet. Trotzdem kann es passieren, dass Mitarbeiter das Unternehmen verlassen – Menschen, von denen du sagst: Die sind wirklich kompetent in allen Belangen, echte Macher eben. Das ist immer eine Enttäuschung und vielleicht leidet sogar deine Motivation, dich neuen Leuten gegenüber zu öffnen und auch etwas von dir preiszugeben, darunter. Doch das sollte nicht sein!

Eines kann ich dir sagen: Die richtig guten Leute, die echten Macher, sind oft nur Durchreisende oder steigen früh aus festen Strukturen aus. Diese Menschen haben nach einer Weile häufig den Wunsch, sich selbstständig zu machen und ihre eigene Crew anzuführen. Man kann sie nicht aufhalten. Deshalb ist es so wichtig, gerade die anderen Mitarbeiter auf die Reise mitzunehmen, diejenigen, die sich gerne einem Rudel anschließen, die einen Arbeitsplatz suchen, an dem sie sich wohlfühlen und auch langfristig bleiben wollen. Wenn du diesen Mitarbeitern diese Sicherheit gibst und ihnen zudem eine gute Portion Entwicklungsfreiraum und ein Gefühl der Zugehörigkeit bietest, wirst du sie zu echten Fans machen.

Menschen folgen immer Menschen. Und sie laufen gerne in dieselbe Richtung wie ihre Vorbilder oder Menschen, die sie mögen. Leader, die nur nach äußeren Zielen wie Geld, Status und Hierarchie streben, für die innere Werte oder der Faktor Menschlichkeit nicht zählen, werden kämpfen und vielleicht auch verlieren. Denn es folgen ihnen dieselben Menschen. Konzentrierst du dich aber zu 100 Prozent auf dein Team und förderst die Entwicklung und das Wohlbefinden deiner Mitarbeiter, brauchst du nur noch Bestandspflege zu betreiben.

Mit anderen Worten: Vermittelst du aus tiefstem Herzen ein Wir-Gefühl, gepaart mit Ehrlichkeit und Leidenschaft, und freust dich, wenn deine Mitarbeiter nicht nur über SICH, sondern auch über DICH hinauswachsen, stellen sich Erfolg und Glück für alle ein.

Also entwickele deinen eigenen Führungsstil, gib die Richtung vor und nimm die Mitarbeiter auf eine gemeinsame Reise mit. Kreiere eine positive Arbeitsatmosphäre, damit du die Mitarbeiter langfristig binden kannst und ihren Teamgeist entfachst. Bringe die Menschen dazu, gemeinsam für eine Sache zu brennen. Das sollte eure Navigation sein. Denn dann legt ihr gemeinsam Ziele fest – und ihr werdet sie erreichen.

Merkwürdig

- Mitarbeitermotivation/-begeisterung kannst du lernen.
- Wenn deine Mitarbeiter zufrieden und hoch motiviert sind, steigt die Wahrscheinlichkeit, dass auch deine Kunden zufrieden sein werden.
- Verwandle DEINE Vision in EURE Vision.
- Ganz weit oben steht immer das Wertesystem. Es ist ein Fundament, das alle mitzieht.
- Erfolge müssen unbedingt gefeiert werden.
- Kreiere Magic Moments.
- Der Rahmen ist wichtiger als der Inhalt.
- Schenke deinem Team einen Vertrauensvorschuss.
- Gib jedem Mitarbeiter das Gefühl, dass du fest an ihn und seine Kompetenzen glaubst. Das ist ein wahrer Motivations-Booster.
- Verstehst du die Bedürfnisse deines Teams und gehst darauf ein, wirst du eine große FAN-Gemeinschaft aufbauen.
- Konzentrierst du dich zu 100 Prozent auf dein Team und förderst die Entwicklung und das Wohlbefinden deiner Mitarbeiter, brauchst du nur noch Bestandspflege zu betreiben.

Fazit

Ich freue mich von Herzen, dass du mir deine wertvolle Zeit geschenkt hast. Vielleicht konnte ich ein kleines Kopfkino bei dir entfachen und dich zum Nachdenken anregen. Eines ist mir besonders wichtig: Jede und jeder kann zu einer Machkraft werden oder andere Machkräfte ausbilden. DU kannst das auch!

Seit rund 20 Jahren lebe ich Leadership in allen Facetten. Dabei bin ich Menschen begegnet, die anfangs gar nicht wussten, was sie machen wollten, Menschen, denen der Mut fehlte, sich selbstständig zu machen, Menschen, die dachten, nicht gut genug zu sein oder zu schwach, ihren eigenen Weg zu gehen, und anderen, die Zweifel hatten, ob sie Führungsverantwortung übernehmen könnten. Und auch Menschen, die dachten, sie finden nie die richtigen Mitarbeiter.

Ich habe es immer als meine Aufgabe gesehen, diesen Menschen ihre Zweifel und Ängste zu nehmen und sie mit meiner eigenen Einstellung anzustecken. Ich bin der Meinung: JEDER kann alles erreichen, auch DU! Es geht in erster Linie um das WOLLEN! Meine Empfehlung: Suche dir jemanden, der dich zu einer Machkraft befähigt. Suche dir einen Coach, von dem du glaubst, dass du mit ihr oder ihm die gleichen Werte teilst. Und dann lass dich ausbilden oder begleiten. Ich selber habe seit Jahren immer einen Coach und Mentor an meiner Seite, um meine Ziele zu erreichen und um in der Balance zu sein.

Aber es gibt einen weiteren wichtigen Punkt, der vor allem anderen kommt. Für mich bedeutet Erfolg noch eines – und das ist ein Begriff mit drei Buchstaben. Du denkst jetzt sicher an »Tun«, oder? Doch bei mir fängt es immer mit »Mut« an. Wir dürfen erst einmal mutig sein, den ersten Schritt zu gehen, bevor wir ins »Tun« kommen. Deshalb wünsche ich mir mehr Menschen, die einfach machen – Machkräfte eben. Sei mutig und ermutige andere, damit die Arbeitswelt leichter wird und die Welt sich wieder auf »Montag« freut!

Heute stehe ich unter anderem mit diesen Themen auf der Bühne, um Menschen Impulse zu geben und sie mit meiner Geschichte zu inspirieren. Ich möchte dazu beitragen, dass mehr Machkräfte in die Organisationen kommen, um maximale Kundenerlebnisse zu kreieren.

Ich freue mich auf dein Feedback und den Austausch mit dir auf allen Social-Media-Kanälen. Wenn du weitere Impulse möchtest, abonniere auch gerne meinen Podcast »FANomenal führen – Der Leadership Podcast«. Da geht es nicht nur um Mitarbeiterführung, sondern auch um das Thema Selbstführung. Dazu hab ich viele interessante Interviewpartner befragt.

Zum Schluss sage ich noch einmal DANKE. Danke, dass du dazu beiträgst, die Welt ein kleines Stückchen leichter zu gestalten.

Deine Jessica

Meine Mitarbeiter – meine Fans

Bevor ich dieses Buch tatsächlich geschrieben habe, hatte ich schon viele Male in Workshops und Coachings über diese Idee gesprochen. Natürlich haben meine Leute das mitbekommen und so hörte ich oft die Frage: »Jessica, wann kommt dein erstes Buch?«

Doch bevor ich mit dem Schreiben anfing, wollte ich natürlich wissen, wie eigentlich meine Mitarbeiterinnen und Mitarbeiter über all das denken, und habe einigen die folgende Nachricht geschickt:

»Liebe(r) _____,
vielleicht hast du mitbekommen, dass ich mein erstes Buch schreibe. In diesem Buch geht es um Leadership/Mitarbeiterführung und darum, wie man es als Führungskraft oder Unternehmer schafft, die Mitarbeiter zu Fans der Organisation zu machen, sie so zu begeistern für die eigene Vision, dass auch sie dafür brennen und die Mitarbeiter es schaffen, somit die Kunden zu begeistern, um diesen Funken zu übertragen. Wichtig dabei sind der Rahmen, die Arbeitsatmosphäre und der Teamgeist, ganz ohne Bewertung. Dass wir jedem eine Chance geben und uns auf die Stärken der anderen konzentrieren. Wie in unserem Ehrenkodex »Einer für alle und alle für einen«, erinnerst du dich? ☺

Dich als meinen Superstar möchte ich gerne in meinem Buch erwähnen und würde mich freuen, wenn du mir kurz ein paar Zeilen dazu über mich und den Führungsansatz schreibst.

Vielen lieben Dank im Voraus für die Unterstützung, deine Freundschaft und dein Vertrauen.

Deine Jessi

Und so sehen die Antworten meiner Mitarbeiterinnen und Mitarbeiter aus, die zu Machkräften wurden:
(Aus Datenschutzgründen möchten sie anonym bleiben)

»Liebe Jessica!
Ich bin ja kein großer Gefühlsmensch und glaube ja eigentlich auch nicht sehr an solche Motivationsgeschichten, aber anscheinend ist da doch was dran. Denn du hast es geschafft, dass ich mich hier sehr wohl und nie alleine fühle. Obwohl du physisch nicht da bist und wir vielleicht zehnmal die letzten Jahre zusammengearbeitet haben, habe ich das Gefühl, dass du täglich neben mir stehst und mir hilfst. WhatsApp 24/7!

Durch den ganzen Freiraum, den ich hier bekomme, und das Vertrauen, das du (und der Chef) mir schenkst, bin ich so motiviert, als wäre es mein eigener Laden. Ich weiß nicht genau, wie du das hinbekommen hast, aber es hat funktioniert. Und ich finde es gut!

Über die Jahre habe ich gesehen, dass du dir für nichts zu schade bist, ob wir den ganzen Tag bei 40 Grad Pommes frittieren oder nach einem Megawochenende für ein paar Stunden Pfandflaschen sortieren. Ich weiß, wer montagmorgens mit mir dort steht. Du warst immer dabei und das hat mich sehr beeindruckt. Da merkte ich das ›Wir-Gefühl‹.

Und auch wenn ich mich mal über etwas aufregen muss (auch wenn's nur das Wetter ist, wofür niemand etwas kann), Fragen, Ideen oder Probleme habe, hörst du zu und findest die richtigen Worte.
Ich bin Fan.«

»Über die Dauer meines Arbeitslebens habe ich bereits viele verschiedene Führungspersönlichkeiten und deren Eigenschaften kennenlernen dürfen und ihre jeweils unterschiedlichen Herangehensweisen an die Mitarbeiterführung erleben können. Aus diesem persönlichen Erfahrungsschatz hebt sich Jessica für mich deutlich als eine besonders authentische und warmherzige Persönlichkeit und Führungskraft ab, welche in der Lage ist, ihr Team mit der nötigen Balance sowohl zu fordern als auch zu fördern.

Um den Leistungsanspruch, den sie an ihr Team stellt, einfordern zu können, war sie immer auch bereit, als Vorbild voranzugehen und sich auf eine Ebene mit ihren Mitarbeitern zu stellen, um als Team auch die schwierigsten Aufgaben gemeinsam zu meistern. Es war von ihrer Seite immer zu spüren, dass ihr viel an der Entwicklung ihrer Mitarbeiter lag und sie engagiert versuchte, jedem Einzelnen die Möglichkeit zu geben, sich aktiv im Unternehmensprozess einzubringen und Verantwortung zu übernehmen.

Jessica hat es im Laufe der Zeit geschafft, ihre Mitarbeiter als Team zusammenzuschweißen, und eine Arbeitsatmosphäre geschaffen, bei der Leistung und Freude nicht im Gegensatz stehen.

Ich erinnere mich stets gerne an die Zeit zurück und freue mich, dass sie nun auch anderen Führungskräften und Mitarbeitern bei der Entwicklung zu einem erfolgreicheren Miteinander helfen kann.«

»Jessi begleitet mich jetzt schon seit ca. fünf Jahren und das würde ich nicht missen wollen. Sie gibt jedem unvoreingenommen eine Chance, sich zu beweisen. Bei ihrer Arbeit achtet sie immer auf das Wohlbefinden ihres Teams und sucht Lösungen, wenn es mal nicht so gut läuft. Sie hat damals meine Stärken erkannt und diese gefördert. Ich hoffe, wir werden in naher Zukunft noch mal miteinander arbeiten.«

»In den Jahren am See war ich immer bemüht, von dir zu lernen, in brenzligen Situationen die Ruhe zu bewahren. Bei dir hatte ich immer das Gefühl der Geborgenheit. Zu wissen, da sorgt sich jemand um mich, hat dem alten Mann die Kraft für den Neustart nach acht Jahren Kanada gegeben. Danke und lieben Gruß.«

»Als langjähriger Mitarbeiter von Jessica war ich oft mit ihren Führungsqualitäten konfrontiert und habe diese zu schätzen gelernt. Ich habe unter Jessica den Einstieg in die Arbeitswelt gemacht und wurde von ihr in meinen eigenen Qualitäten und Werten des Berufslebens von Grund auf aufgebaut. Ich durfte somit von ihr von Anfang an grundlegende Aspekte des Arbeitslebens, besonders der Zusammenarbeit im Team, lernen.

Als Nebentätigkeit hat sich die Arbeit unter Jessicas Führung sehr positiv auf viele weitere Bereiche meines Lebens ausgewirkt. Ein paar Faktoren, die hier beispielhaft zu nennen sind, sind der Zusammenhalt im Team, effektive und effiziente Kommunikation sowie die aus Eigenverantwortung resultierenden Rechte und Pflichten. Besonders hervorzuheben ist hierbei die Eigenverantwortung und das mir entgegengebrachte Vertrauen. Denn schon nach kurzer Zeit der Unternehmenszugehörigkeit gab mir Jessica die Möglichkeit, einen eigenen Teilbereich zu leiten. Das war für mich anfänglich eine große Herausforderung, doch mit Hilfe und ihrer Unterstützung gelang es mir mehr und mehr, eigenständig zu arbeiten, andere Mitarbeiter anzulernen und zu führen sowie autonom Entscheidungen zu treffen. Auf den Erfahrungen, die mit den zuvor genannten Beispielen sowie vielen weiteren Faktoren in Verbindung stehen, konnte ich in diversen Lebenslagen aufbauen. So profitierte ich während meines Studiums in Gruppenarbeiten stets von meiner Teamfähigkeit sowie von der

Fähigkeit, die Gruppe optimal zu leiten, Aufgaben zu verteilen, die Stärken der Gruppenmitglieder herauszustellen und somit ein effizientes Arbeiten mit optimalem Ergebnis zu gewährleisten. Auch in meiner aktuellen Tätigkeit als Unternehmensberater einer renommierten Management-Beratung kommen mir meine durch die Arbeit bei Jessica gelernten Fähigkeiten gleichermaßen zugute.

Besonders deutlich geworden ist mir durch Jessicas Führungsstil, dass man die Mitarbeiter auf eine gemeinsame Reise mitnehmen muss, um eine positive Arbeitsatmosphäre zu kreieren, die Mitarbeiter langfristig zu binden sowie einen Teamgeist zu entfachen. Das Stichwort ist hier der Teamgeist, den Jessica in uns allen entfacht und stets gefördert hat. Der Erfolg des Teams basierte maßgeblich darauf, dass Jessica es geschafft hat, Mitarbeiter dazu zu bringen, für die gemeinsame Sache zu brennen. Diese Begeisterung für die Vision des Teams, nämlich etwas gemeinsam mit gebündelten Kräften zu schaffen, das den Einzelnen allein nicht möglich gewesen wäre, haben Mitarbeiter wie ich weitergetragen. Es entstand somit eine Dynamik im Team, die sich auch auf neue Mitarbeiter übertragen hat.

Eine gute Führungskraft definiert sich für mich dadurch, dass sie alle im Team miteinbezieht, die Stärken aller Teammitglieder bündelt und optimal fördert, um schlussendlich einen Mehrwert für das Unternehmen und dessen Mitarbeiter zu generieren. Das alles verkörpert Jessica, weswegen es für mich sehr angenehm war, sie als Führungskraft erleben zu dürfen.«

»Führen mit Herz ist die Devise. Jessica schafft es, ein Team aufzubauen, welches aus Leidenschaft arbeitet, ganz egal, wie stressig die Arbeit gerade ist. Ihre Führung erlaubt dem Menschen, im Mittelpunkt zu stehen und gesehen zu werden. Sie hat ein feines Gespür dafür, was die Menschen und das Team gerade brauchen, und das gibt einen gesunden Rahmen für die eigene Entwicklung, aber auch für die Entwicklung des gesamten Teams. Ich arbeite immer gerne für Jessica, da sie Möglichkeiten aufzeigt, sich gegenseitig zu unterstützen, Bestleistung zu bringen, weil man die Sachen machen darf, für die man brennt, eigene Ideen einzubringen, und weil sie uns motiviert, uns zu motivieren.

Ich habe schon viele Führungspersönlichkeiten kennengelernt und bin von wenigen so begeistert wie von ihr. Sie erschafft Familie und die Menschen bleiben für viele Jahre an ihrer Seite. Bei ihr gibt es das Motto ›KP – kein Problem – wir finden für alles eine Lösung‹ und so erlebe ich das in der Zusammenarbeit. Wichtig ist es, mit ihr zu reden, wenn einem etwas auf dem Herzen liegt, damit dann gemeinsame Lösungen gefunden werden. Sie ist anspruchsvoll und hat ein großes Herz für ihre Mitarbeiter, das macht sie so besonders.

Sie ist ein wirklich tolles Vorbild, denn sie ist nahbar, menschlich und versteht sich als Teil des Teams. Wenn die Arbeit zu viel oder gerade Not am Mann ist, springt sie mit rein und unterstützt uns. Sie ist sich für nichts zu schade, auch nach so vielen Jahren in der Gastronomie.

Sie lebt das, worüber sie spricht, daher wünsche ich vielen Menschen, von ihr inspiriert zu werden und ebenso ein Team zu erschaffen, das gerne arbeitet.«

ANHANG

Alle Golden Nuggets auf einen Blick

F-F-F-F-Formel:
Fähige Führungspersönlichkeiten formen Fans.

Wer innen nicht brennt, kann außen nicht leuchten.

Du bist der Kapitän auf deinem Schiff und du entscheidest,
wer mitfährt.

Wenn du das Problem nicht erkennst, bist du selber ein Teil
des Problems.

Führen heißt, andere in Gang zu bringen und DEIN Team
zu Spitzenleistungen zu motivieren.

Jeder ist wertvoll und kann mindestens eine Sache im Leben gut.

Wenn du nicht mit der Zeit gehst, gehst du mit der Zeit.

Wir fokussieren uns zu sehr auf das Können anstatt auf das Wollen.

Entweder entscheidest du dich und gehst ALL IN mit allen Höhen
und Tiefen und vertraust dem Prozess oder du lässt es bleiben.
Etwas dazwischen gibt es nicht.

Fertige Menschen gibt es nicht. Aber es gibt die, die einfach machen
und anpacken und bereit sind, alles zu lernen.

Leadership fängt immer bei dir selbst an. Stehe nicht *vor* deinem Team, sondern *hinter* ihm, und bringe jeden Einzelnen in seine Kraft.

Schaffe einen Raum, in dem sich deine Mitarbeiter komplett wohlfühlen. Kreiere ein zweites Zuhause für sie, in dem sie Sicherheit spüren, weil sie auch in schwierigen Zeiten nicht alleinegelassen werden.

Der Rahmen, in dem wir uns bewegen, ist entscheidend für den Erfolg.

Wenn wir uns für die anderen interessieren, interessieren diese sich auch für uns.

Mein Appell: Erkenne das Potenzial jedes Menschen und mach es für deinen Betrieb nutzbar. So wird es dir gelingen, aus ungeschliffenen Diamanten strahlende Machkräfte zu machen.

Quellen und Inspiration für dieses Buch

1. Meine eigene 20-jährige Praxiserfahrung
2. Die Interviewpartner meines Podcasts:
   FANomenal führen! – Der Leadership Podcast
   https://jessica-lackner.libsyn.com/
   (iTunes, Apple Podcast, Spotify, YouTube, Deezer, Amazon Music)

Buchempfehlungen

Diese Bücher haben mich inspiriert und zum Teil jahrelang begleitet:

- Tobias Beck: Unbox your Life! Bewohnerfrei®. Das Geheimnis für deinen Erfolg im Leben. GABAL 2018
- Tobias Beck: Unbox your Relationship! Wie du Menschen für dich gewinnst und stabile Beziehungen aufbaust. GABAL 2019
- Richard Branson: Like a Virgin. Erfolgsgeheimnisse eines Multi-milliardärs. books4success 2013
- Dale Carnegie: Führen mit Persönlichkeit. Wie Sie sich selbst und andere zu Höchstleistungen motivieren. Scherz 2011
- Deepak Chopra: Mit dem Herzen führen. Management und Spiritualität. Koha 2016
- Mike Fischer: Erfolg hat, wer mit Liebe führt. Vom Egoismus zum WIR. Campus 2019
- Thomas Fritzsche: Wer hat den Ball? Mitarbeiter einfach führen. Herder 2016
- Napoleon Hill: Denke nach und werde reich. Ariston 2005
- Bodo Janssen: Die stille Revolution. Führen mit Sinn und Menschlichkeit. Ariston 2016
- Jörg Knoblauch, Benjamin Kuttler: Das Geheimnis der Champions. Wie exzellente Unternehmen die besten Mitarbeiter finden und binden. Campus 2016
- Martina Mangelsdorf: Von Babyboomer bis Generation Z. Der richtige Umgang mit unterschiedlichen Generationen im Unternehmen. GABAL 2015

- John C. Maxwell: Leadership. Die 21 wichtigsten Führungs-prinzipien. Brunnen, 10. Auflage 2020
- Robin Sharma: Jeder kann in Führung gehen. Eine moderne Fabel über den Erfolg im Beruf und im Leben. Pattloch 2011
- John Strelecky: Das Café am Rande der Welt. Eine Erzählung über den Sinn des Lebens. dtv 2007
- John Strelecky: The Big Five for Life. Was wirklich zählt im Leben. dtv 2009

Dank

Ich möchte einigen Menschen, ohne die dieses Buch nie entstanden wäre, für ihre Unterstützung danken.

Von Herzen DANKE an:

Manuela Bernsteiner, meine liebe Mama und Alltagsheldin, die immer für mich da ist, mich aufbaut, auch wenn ich mal ein Tief habe, und sich immer so liebevoll um meine Tochter kümmert und mir den Freiraum zum Wachsen schenkt.

Johannes Lackner, meinen liebevollen Ehemann, der die letzten Monate viel verzichten musste, mir immer den Rücken gestärkt hat und mich bei allem unterstützt, was ich mache und vorhabe. Er ist mein Zuhause und mein Fundament. Bei ihm kann ich immer Kraft tanken.

Johannes Bernsteiner, meinen Vater, der mich ins kalte Wasser geworfen hat und mich konsequent durch diese harten Lehrjahre geführt hat, die mich zum Erfolg gebracht haben.

Nico Gundlach, das Universalgenie und den kreativen Kopf hinter allem, der mein Gedankenwirrwar sortiert, strukturiert und in WOWs verwandelt.

Tobias Beck, den erfolgreichsten Speaker zum Thema Persönlichkeitsentwicklung im deutschsprachigen Raum, der das FAN-Modell zu 100 Prozent vorlebt und der mich öfter aus meiner Komfortzone geschmissen und einen Hebel in Gang gesetzt hat, mich mit mir und meinem Warum auseinanderzusetzen, und der mich inspiriert hat, MEINEN Weg zu gehen.

Elisabeth Skardarasy, meine Lektorin aus Salzburg, mit der das Konzept für das Buch entstanden ist und die die Inhalte für das Buch aus mir herausgekitzelt und in Form gebracht hat. Von der Idee bis zum Verlagsvertrag: die beste Betreuung.

Katja Porsch, die mich durch ihre Art inspiriert hat (eine echte Macherin eben) und mir im Herbst 2019 den Tritt in den Hintern gegeben hat, endlich mein eigenes Buch zu schreiben.

Clint Böttcher, der dafür verantwortlich ist, dass ich den Sprung aus der Gastronomie gewagt habe, um mein Wissen und meine Erfahrungen branchenübergreifend zu teilen und weiterzugeben.

Alex Obertop, mit dem ich meine Inhalte in gemeinsamen Workshops schon für mich festigen und so mein Thema und meine Positionierung vertiefen konnte und der mir immer unterstützend zur Seite steht.

Nico Feldmann, der mit mir eine ähnliche Geschichte teilt, somit für mich zum Sparringspartner wurde und mich heute ab und zu coacht, wenn es um die verschiedenen Menschentypen geht.

Torsten J. Koerting, Mr. Massive Action, der die Virgin-Story geteilt hat, jemand, der mich immer wieder in die Umsetzung bringt und mir Wege aufzeigt, meine Ziele klar zu verfolgen, der mich aber auch dabei unterstützt, nicht den Fokus für alle Projekte zu verlieren.

Cornelia Koller, die Illustratorin, die mit ihren tollen Zeichnungen mein Gedankenkonfetti in ein klares Bild gebracht hat.

Dr. Sandra Krebs, die Programmleiterin von GABAL, die den Funken der Begeisterung für mein Thema weitergetragen hat und die die Philosophie des Verlages lebt, was ich gespürt habe, und die eine sehr angenehme, wertschätzende und offene Zusammenarbeit ermöglicht hat.

Sabine Rock, die Lektorin, die meine Wörter bündelte und dem geschriebenen Wort noch mehr Sinn und Ausdruckskraft verleihen konnte.

Tina Mayer-Lockhoff, die durch einen Post auf Instagram bewies, dass sie die Richtige ist, das Cover für mein Buch zu gestalten, und die dem Titel mit Farbe Ausdruck verliehen hat.

Das Beste kommt zum Schluss:
Meinen langjährigen Mitarbeiterinnen und Mitarbeitern, die mich inspiriert haben, in die Veränderung zu gehen, die meiner Vision gefolgt sind, mir den Rücken freigehalten und mich ermutigt haben, auf dem richtigen Weg zu sein.

Die Autorin

Jessica Lackner wurde 1984 in Berlin geboren. Bereits im Alter von acht Jahren hatte sie ihren ersten eigenen Eisstand im elterlichen Betrieb in Berlin. Nach ihrer Ausbildung an der renommierten Tourismusschule Klessheim in Salzburg ging sie für ein einjähriges Traineeprogramm ins Hilton Hotel nach München. Anschließend wurde sie mit gerade einmal 21 Jahren Geschäftsführerin der Gastronomie in Europas größtem Strandbad in Berlin-Wannsee. Später übernahm sie zusätzlich noch für einige Jahre die Berliner Event-Location »Die Schützen-Wirtin« und unterstützte den Familienbetrieb »Die Spinner-Brücke«.

Während ihrer Lehrjahre in der Gastronomie entwickelte Jessica Lackner das Bedürfnis, ihre Erfahrungen an andere Menschen weiterzugeben. Sie wurde von den renommiertesten Trainern ausgebildet und hält heute in der gesamten DACH-Region Keynotes, Workshops und Trainings, deren Inhalte sie selbst täglich lebt und anwendet. Zudem führt, coacht und begleitet sie Unternehmen mit über 100 Mitarbeiterinnen und Mitarbeitern aus der Dienstleistungsbranche, dem Einzelhandel und der Gastronomie.

Es ist ihr eine Herzensangelegenheit, ihr Führungs- & Service-Know-how weiterzugeben und somit dabei zu helfen, Arbeitsplätze zu kreieren, an denen es Menschen lieben zu arbeiten.

Jessica Lackner steht für Leadership-Excellence. Dabei stellt sie immer die Menschen in den Mittelpunkt ihrer Arbeit:

»Was Unternehmen brauchen, sind Machkräfte. Es dreht sich alles um den Menschen! Egal ob Kunde, Mitarbeiter oder wir selbst – es ist unsere Aufgabe als Machkräfte, die Flamme der Begeisterung wieder neu zu entfachen. Denn sind wir von etwas begeistert, werden wir zum FAN einer Organisation und diese Energie trägt uns zum Erfolg.«

www.jessica-lackner.com